服務機器人系統設計

陳萬米　主編

前言

不知不覺間，出現了很多既熟悉又陌生的新型裝備，如進入到家庭環境的自動掃地機，陪伴老年人與小孩的陪護機器，為病人送藥送飯的護士助手，為病人實施多種複雜手術的輔助機器，提供實時自適應導航的智能輪椅，給高樓提供清潔輔助的清潔機器，能幫助人類探索外太空、探索海底的機器，以及帶有智能的滅火消防砲等。 以上各類帶有智能的機器都可以稱為服務機器人，也就是說，除了工業機器人之外的通過半自主或完全自主運作，為人類的健康或設備的良好狀態提供服務的機器人。

從人類社會的發展過程可揭示出機器人發展的規律，即工業機器人發展到一定的階段，爆發式地出現服務機器人。 由於服務機器人的應用場合多（除工業以外的應用場合），其種類或樣式多種多樣，形成百花齊放的格局，除上面提到的清潔機器人、陪護機器人、助老機器人、手術機器人、助殘機器人之外，還包括各種娛樂機器人、舞蹈機器人、導遊機器人、導購機器人、安保機器人、排險機器人、消防機器人、體育機器人、祕書機器人、建築機器人、玩具機器人、分揀機器人以及加油機器人、農業機器人等。

服務機器人的主要技術包括，為滿足不同應用場合的機械、材料、本體結構、執行單元、驅動電路與運動控制系統；帶有智能的環境感知傳感器和信號處理方法；包括模糊控制、神經網絡、進化計算等的智能控制方法；具有機器人自定位與導航功能的 SLAM 技術；在工作空間中能找到一條從起始狀態到目標狀態、可以避開障礙物的路徑規劃方法以及智能機器人的操作系統等。

本書較為系統地講述了服務機器人技術的相關理論與製作實例，對機器人的機械系統、執行單元、傳感器、驅動與控制機構等分章節敘述，同時對機器人的座標變換、運動分析、路徑規劃以及機器人的操作系統也做了講解。

本書理論介紹與製作實例相輔相成，體現了理論與實踐相結合的特色。 根據機器人操作系統的特殊情況，介紹了 ROS 系統，使服務機器人技術的內容更加全面，爭取給中國更多的服務機器人從業人員與服務機器人愛好者提供幫助。

本書共分 9 章。

第 1 章闡述了機器人的産生與發展，服務機器人的定義、結構與分類、服務機器人技術的主要內容等；

第 2 章敘述了服務機器人的移動機構，包括單輪、兩輪差動、全向輪式、履帶

式、足式等移動機構以及部分移動機構的設計舉例;

第 3 章敘述了服務機器人的機械臂(四自由度與六自由度的機械臂),二指、三指、五指機械手,其他執行單元(如腕部等);

第 4 章敘述了服務機器人的驅動與控制,包括服務機器人中廣泛使用的直流電機的 PWM 驅動原理與電路實現、服務機器人的 PID 參數的整定與智能控制等;

第 5 章敘述了服務機器人的運動分析,包括服務機器人的位置運動學、微分運動與動力學分析、服務機器人的正逆運動學問題及軌跡規劃實例等;

第 6 章敘述了服務機器人的路徑規劃(包括離線規劃與在線規劃),智能規劃(包括人工勢場法、A^* 算法、遺傳算法以及優化算法等);

第 7 章敘述了服務機器人的感知,包括機器人的內部感知單元、外部感知單元和特殊感知單元,服務機器人的信息處理方法,重點敘述了機器視覺的組成、工作原理與應用;

第 8 章介紹了服務機器人的操作系統 ROS,包括 ROS 的基本概念、系統架構、系統工具,以及 ROS 在移動底座、導航與路徑規劃、語音識別、機器視覺等方面的應用實例;

第 9 章對服務機器人以及相關技術的發展進行了展望。

本書由上海大學機電工程與自動化學院高級工程師、上海大學大學生科技創新實驗中心負責人、中國自動化學會機器人競賽工作委員會副主任陳萬米主編,毛登輝、葉立俊、任明宇、劉振、魯晨奇、汪洋參與了編寫。 其中,陳萬米編寫第 1、2、9 章,毛登輝編寫第 3 章,葉立俊編寫第 4 章,任明宇編寫第 5 章,劉振編寫第 6 章,魯晨奇編寫第 7 章,汪洋編寫第 8 章。

本書的編寫工作得到了上海大學領導和機電工程與自動化學院相關領導的大力支持,在此表示衷心的感謝! 特別感謝上海大學費敏銳教授、王小靜教授等在本書成稿過程中給予的幫助。

服務機器人技術內容十分廣泛,涉及諸多學科領域。 由於作者的水平所限、經驗不足,書中不足之處在所難免,敬請讀者批評指正。

陳萬米

目錄

第1章

緒論

1.1 機器人的定義、應用與發展

機器人，英文名 Robot，如今已是家喻户曉，遠到美國 NASA 的火星車，近到家庭用的吸塵器 iRobot，以及汽車生產廠家的工業機器人、能進入人類血管探測的血管機器人，可以說機器人正在向社會各領域蔓延，人類與機器人之間的交流越來越頻繁，頻繁到有時候人們甚至都沒有意識到，人機關係也在急速進化中。

那麼，什麼是機器人呢？

美國機器協會（RIA）對機器人的定義：機器人是一種用於移動各種材料、零件、工具或專用裝置的、通過程序動作來執行各種任務，並具有編程能力的多功能操作機。

美國國家標準局（NBS）對機器人的定義：機器人是一種能夠進行編程並在自動控制下執行某種操作和移動作業任務的機械裝備。

日本工業機器人協會對機器人的定義：一種裝備有記憶裝置和末端執行裝置的能夠完成各種移動作業來代替人類勞動的通用機器。

國際標準化組織（ISO）對機器人的定義：機器人是一種自動的、位置可控的、具有編程能力的多功能操作機。這種操作機具有幾個軸，能夠藉助可編程操作來處理各種材料、零件、工具和專用裝置，以執行各種任務。

中國對機器人的定義：機器人是一種自動化的機器，所不同的是這種機器具備一些與人或生物相似的智能能力，如感知能力、規劃能力、動作能力和協同能力，是一種具有高度靈活性的自動化機器[1]。

1.1.1 機器人的應用

機器人不是自古就有的。機器人的出現及高速發展是社會和經濟發展的必然，是為了提高社會的生產水平和人類的生活質量，讓機器人替人們幹那些人類幹不了、幹不好的工作。

自機器人誕生以來，其增長率逐年提高。1980 年，號稱「機器人王國」的日本開始比較多地使用機器人，因此，那一年被稱為「機器人普及元年」。有人斷言，21 世紀將是機器人世紀。為什麼要大力發展機器人呢？人類在發明了蒸汽機、電動機，製造了包括機床、汽車在內的各種機器以後，大大減輕了人類的體力勞動；同時，人類又發明了計算機，特別是目前已在開發的可以處理知識、進行推理和學習的第五代計算機，可以在很大程度上代替人的腦力勞動。將機器和計算機相結合生產出來的機器人，可以代替人類進行各種各樣的勞動，甚至可以做許多單純依靠人力所做不到的事情。

目前，世界上有數百萬臺工業機器人在各種工業部門工作著，從事著從生產大規模集成電路超净車間中的精細加工，到有害環境中的噴漆操作，以及重型機器製造中的笨重搬運工作等各種各樣的作業。現在，工業機器人隊伍還在迅速擴大。近年來，隨著計算機、機器人、數控加工中心、無人駕駛搬運車等新技術的發展，工廠無人化的設想將逐步得以實現。在這一進程中，機器人將發揮越來越大的作用。

當前，機器人技術不斷發展，人們的要求越來越高，不僅要求機器人能在一般環境下工作，還要求機器人在人類難以生存的極限環境，如高溫、強輻射、高真空、深海等環境下作業。這類極限作業機器人，由於工作條件很差，所以必須具有適應環境變化的能力，這就要求機器人具有一定的智能。

機器人的智能，可以分為兩個層次：第一步，像人那樣具有感覺、識別、理解和判斷的功能；第二步，能夠像人那樣具有總結經驗和學習的能力。目前，具有初步智能的機器人已經開始被廣泛應用。在工業機器人中，具有初步智能水平的機器人已經占 20%左右，而且這一比例還在不斷提高。至於具有學習能力等高級智能水平的機器人，目前尚處於試驗研製階段。如今，機器人已被廣泛應用於服務業、採礦業、建築業、農業、林業及醫療等方面。在家庭中，服務機器人是順從的「僕人」，不僅會做飯、洗衣、打掃衛生，還會接待客人，陪伴兒童做遊戲，照顧病人，幫助病人翻身、洗澡，幹得可出色了。在軍事方面，機器人已經活躍在陸地戰場上，而且「兵種齊全」，反坦克機器人、防化機器人、火砲機器人都曾大顯身手。哨兵機器人裝備有機關槍、擲彈筒，還有多種先進的傳感器，在軍事基地、機場周圍或某一戰區進行巡邏放哨，屢立奇功，而且不用換崗。排雷、布雷的工作既繁重又危險，讓機器人來承擔就不必擔心人身的安全了。布雷機器人能按指揮官的指令，冒著槍林彈雨去挖坑、計算埋雷的密度、給地雷裝引信、打開保險、埋雷，還能自動設置雷場及繪製布雷位置圖等，真是「智勇雙全」。有人說，21 世紀的戰爭，不僅會有刀槍不入的「鋼鐵士兵」去衝鋒陷陣，而且還將出現具有人工智能的無人駕駛坦克、飛機、艦艇等各種武器。到那時，軍用機器人將成為一支不容忽視的「軍事力量」。

如今，機器人被譽為「製造業皇冠頂端的明珠」，發展機器人產業對提高創新能力、增強國家綜合實力、帶動整體經濟發展都具有十分重要的意義。世界主要大國都將機器人的研究與應用擺在本國科技發展的重要戰略地位。2011 年，美國推出國家機器人計劃（National Robotics Initiative，NRI）；2012 年，韓國發布「機器人未來戰略 2022」；2014 年，歐盟啓動「SPARC 計劃」；2015 年日本發布「機器人新戰略」（Japan's Robot Strategy）。縱觀這些國家的發展戰略，機器人技術及應用已成為塑造創新發展新優勢的「必爭之地」。

2015 年 5 月，中國發布「中國製造 2025」戰略綱要，機器人技術創新和產業發展都是重要內容。2016 年 4 月，中國發布了機器人產業發展規劃（2016—2020 年），對機器人的重點發展領域作出總體部署，推進中國機器人產業快速健康可持續發展。

1.1.2 機器人的發展

（1）古代機器人

據戰國時期記述官營手工業的《考工記》中一則寓言記載，中國的偃師（古代一種職業）用動物皮、木頭、樹脂製出了能歌善舞的伶人，不僅外貌完全像一個真人，而且還有思想感情，甚至有了情慾。這雖然是寓言中的幻想，但其利用了當時的科技成果，也是中國最早記載的木頭機器人的雛形，體現了中國人民具有高度的科學幻想力和設計加工能力。

東漢時的大科學家張衡發明的指南車（又稱司南車）可以說是世界上最早的機器人。張衡還發明了一種叫作「記里鼓車」的機器人，它能為人們報告所走的里程，車每行駛一里，車上的小人就擊一下鼓，每行十里，它就敲一下鐘，無需人手工測量計程。

三國時，又出現了能替人搬東西的機器人。它是由蜀漢丞相諸葛亮發明的「木牛流馬」，是一種能替代人運輸糧草的機器，即使在羊腸小道上也能行走如飛。

國外有關機器人的記載可以追溯到古希臘，據荷馬史詩《伊利亞特》記載，火神兼匠神赫淮斯托斯（Hephaistus）創造出了一組金製機械助手。他的這些機械助手身體強健，可以說話，且非常聰明。

我們熟知的還有「特洛伊木馬」。古羅馬時特洛伊人攻打羅馬城，久攻不下，佯裝逃竄。丟棄的木馬被羅馬人抬回城中，夜間伏兵由木馬腹中爬出，開門潰敵，可謂欺騙型機器馬。

公元 1768—1774 年，瑞士鐘錶匠德羅斯父子三人，設計製造出三個像真人一樣大小的機器人——寫字偶人、繪圖偶人和彈風王琴偶人。它們是由凸輪控制和彈簧驅動的自動機器，至今還作為國寶保存在瑞士納切特爾市藝術和歷史博物館內。

1893 年，加拿大摩爾設計的能行走的機器人「安德羅丁」，是以蒸汽為動力的。

(2) 早期機器人

早在 1886 年，法國作家利爾亞當在他的小說《未來夏娃》中將外表像人的機器起名為「安德羅丁」(Android)，它由以下 4 部分組成。

① 生命系統（平衡、步行、發聲、身體擺動、感覺、表情、調節運動等）。

② 造型解質（關節能自由運動的金屬覆蓋體，一種盔甲）。

③ 人造肌肉（在上述盔甲上有肉體、靜脈、性別等身體的各種形態）。

④ 人造皮膚（含有膚色、機理、輪廓、頭髮、視覺、牙齒、手爪等）。

1920 年捷克作家卡雷爾・卡佩克（Karel Capek）發表了科幻劇本《羅薩姆的萬能機器人》，在劇本中，卡佩克把捷克語「Robota」寫成了「Robot」，「Robota」是奴隸的意思。該劇預言了機器人的發展對人類社會的巨大影響，引起了大家的廣泛關注，被當成了「機器人」一詞的起源。在該劇中，機器人按照其主人的命令默默地工作，沒有感覺和感情，以呆板的方式從事繁重的勞動。後來，羅薩姆公司取得了成功，使機器人具有了感情，使得機器人的應用領域迅速擴大。在工廠和家務勞動中，機器人成了必不可少的成員。

為了防止機器人傷害人類，科幻作家阿西莫夫於 1940 年提出了「機器人三原則」。

① 機器人不應傷害人類。

② 機器人應遵守人類的命令，與第一條相悖的命令除外。

③ 機器人應能保護自己，與第一條相牴觸者除外。

這是賦予機器人的倫理性綱領，機器人學術界一直將「機器人三原則」作為機器人開發的準則。

1959 年美國英格伯格（Joseph Engelberger）和德沃爾（George Devol）製造出世界上第一臺工業機器人，如圖 1-1 所示，機器人的歷史才真正開始。隨後，他們成立了世界上第一家機器人製造工廠——Unimation 公司。由於英格伯格對工業機器人的研發和宣傳的貢獻，他被稱為「工業機器人之父」[2]。

圖 1-1 所示的世界上第一臺工業機器人重達 2t，由寫在磁鼓上的程序進行控制。該機器人採用液壓執行器，並分別設定關節座標系，即各關節的角度，存儲示教/再現操作方式。控制精度為 1/10000in。

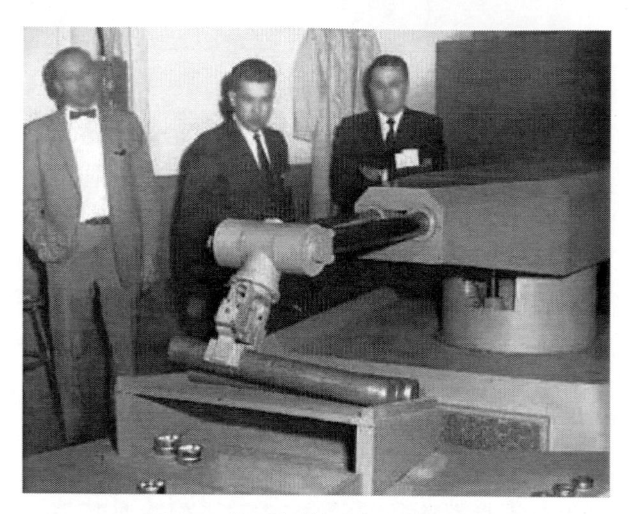

圖 1-1 世界上第一臺工業機器人

(3) 現代機器人

20 世紀 70 年代，第二代機器人開始有了較大發展。第二代機器人為感覺型機器人，如有力覺、觸覺和視覺等，具有了對某些外界信息進行反饋調整的能力，並投入應用，開始普及。1973 年，日本日立公司開發了用於混凝土樁和鋼管業的機器人，這個機器人是第一個裝有視覺傳感器、可判斷移動物體的工業機器人。當機器人判斷出物體移動時，同步鋼管上的螺栓緊固/松開等。

中國自 20 世紀 70 年代起開始研製工業機器人，中科院瀋陽自動化所、上海交通大學、上海大學（前身為上海工業大學）等都投入了工業機器人的研究開發，取得了一定的成果。圖 1-2 為上海大學於 1986 年研製成功的上海Ⅱ號工業機器人，現在仍存放在上海市延長路 149 號的上海大學機器人大樓內[3]。

(4) 當代機器人

進入 21 世紀後，機器人被賦予了一定的智能，即第三代機器人是智能機器人。它們不僅具有感覺能力，而且還具有獨立判斷和行動的能力，並具有記憶、推理和決策的能力，因而能夠完成更加複雜的動作。中央電腦

圖 1-2　上海大學研製的上海Ⅱ號工業機器人

控制手臂和行走裝置，使機器人的手完成作業，腳完成移動，機器人能夠用自然語言與人對話。

魔方曾經給很多人帶來了樂趣與挑戰，現在，有人設計出解魔方的機器人，如圖 1-3 所示，該機器人只要 18.2s 就可以把雜亂無章的魔方解出來。這款機器人可稱得上智能，其帶有眼睛（攝像頭）、機械手，更重要的是還有「大腦」（快速判斷並指揮機械手轉動魔方）。

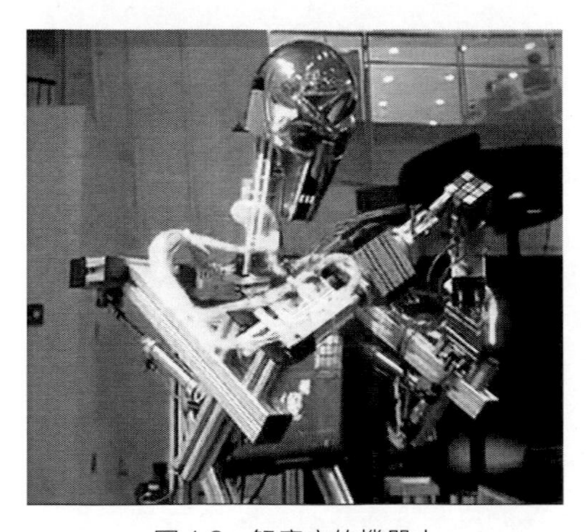

圖 1-3　解魔方的機器人

1992 年從麻省理工學院分離出來的波士頓動力公司（已被谷歌收至麾下）相繼研發出能夠直立行走的軍事機器人 Atlas 以及四足全地形機器人「大狗」「機器猫」等，令人嘆為觀止。如圖 1-4 所示，它們是世界上第一批軍事機器人，如今在阿富汗服役。

圖 1-4 機器人「大狗」

Atlas 機器人身高 1.9m，擁有健全的四肢和軀幹，配備 28 個液壓關節，頭部內置立體照相機和激光測距儀，輸入空手道程序，此外，研究員們甚至編寫了內置軟件讓 Atlas 可以開車。因此，Atlas 稱得上是世界上最先進的機器人之一。

20 世紀中期，日本一直致力於研發人形機器人。最初，由於勞動力的不足，日本的機器人事業以工業機器人為主；後來由於人口老年化問題嚴重，則轉向服務型和娛樂型機器人。1969 年，日本早稻田大學加藤一郎實驗室研發出第一臺以雙腳走路的機器人。到了 1980 年，工業機器人真正在日本普及，其發展速度非其他國家可比擬。

1.2 服務機器人

除了工業機器人之外，服務機器人正逐步走上歷史的舞臺。

2000 年前後日本索尼公司推出了機器狗「愛寶」（AIBO），如圖 1-5 所示；日本本田汽車公司研發了人形機器人阿西莫（ASIMO），如圖 1-6 所示，後者能夠以接近人類的姿態走路和奔跑。這些機器人拉開了服務機器人研究與應用的序幕。

圖 1-5 「愛寶」 機器人

圖 1-6 機器人阿西莫（ASIMO）

服務機器人通過半自主或完全自主運作，為人類健康或設備的良好狀態提供有幫助的服務，但不包含工業性操作。

根據這項定義，工業用操縱機器人如果被應用於非製造業，也被認為是服務機器人。服務機器人可能安裝、也可能不安裝機械手臂，工業機器人也是如此。通常（但並不總是），服務機器人是可移動的。某些情況下，服務機器人包含了一個可移動平臺，上面附著一條或數條「手臂」，其操控模式與工業機器人相同。

如今機器人的應用面越來越寬。除了應對日常的生產和生活，科學家們還希望機器人能夠勝任更多的工作，包括探測外太空。

2012 年，美國「發現號」成功將首臺人形機器人送入國際空間站。這位機器宇航員被命名為「R2」，如圖 1-7 所示。R2 活動範圍接近於人類，並可以像宇航員一樣執行一些比較危險的任務。

人工智能機器人向深度學習突破，如今耳熟能詳的「人工智能」「深度學習」事實上在過去的 30 年中便有了不少的研究。而隨著大數據時代的到來，以數據為依託的深度學習技術才取得突破性的發展，比如語音識別、圖像識別、人機交互等。人工智能機器人（見圖 1-8）的典型代表有 IBM 的「沃森」、Pepper 等。在未來的機器人技術研究中，深度學習仍然是一個大趨勢。

圖 1-7 機器人「R2」

圖 1-8 人工智能機器人

1.3 服務機器人的結構與分類

1.3.1 服務機器人的結構

服務機器人與工業機器人的結構有較大的差別，其本體包括可移動的機器人底盤、多自由度的關節式機械系統、按特定服務功能所需要的特殊機構。

一般包括：

① 驅動裝置（能源，動力）；
② 減速器（將高速運動變為低速運動）；
③ 運動傳動機構；
④ 關節部分機構（相當手臂，形成空間的多自由度運動）；
⑤ 把持機構、末端執行器、端拾器（相當手爪）；
⑥ 移動機構、走行機構（相當腿腳）；
⑦ 變位機等周邊設備（配合機器人工作的輔助裝置）。

(1) 服務機器人感知系統

① 內部傳感器——檢測機器人自身狀態（內部信息），如關節的運動狀態。機器人自身運動與正常工作所必需。

② 外部傳感器——感知外部世界，檢測作業對象與作業環境的狀態（外部信息），如視覺、聽覺、觸覺等。適應特定環境，完成特定任務所必需。

(2) 服務機器人控制系統

① 驅動控制器——伺服控制器（單關節），控制各關節驅動電機。
② 運動控制器——規劃、協調機器人各關節的運動，軌跡控制。
③ 作業控制器——環境檢測，任務規劃，確定所要進行的作業流程。

(3) 服務機器人決策系統

通過感知和思維，規劃和確定機器人的任務，而且應該具有學習能力。

機器人組成原理框圖如圖 1-9 所示。

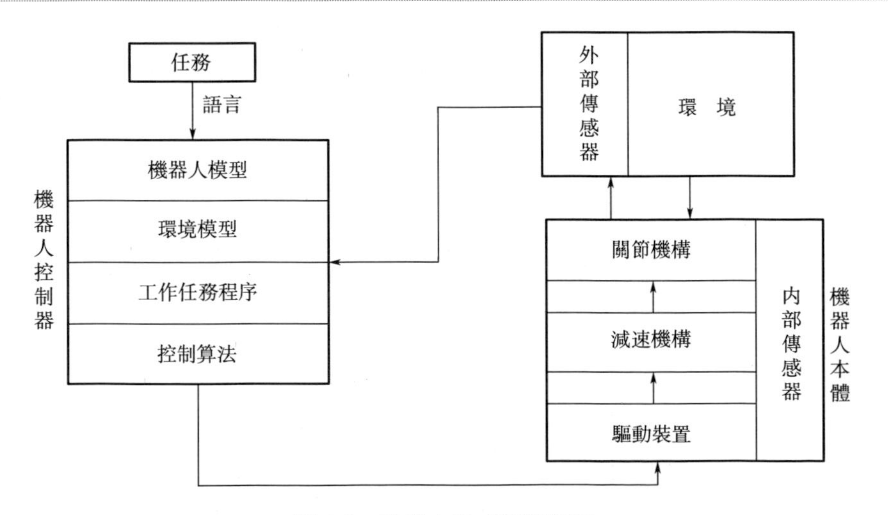

圖 1-9 機器人組成原理框圖

1.3.2 服務機器人的分類

中國的機器人專家從應用環境出發，將機器人分為兩大類，即工業機器人和服務機器人。所謂工業機器人，就是面向工業非製造領域的多關節機械手或多自由度機器人。而服務機器人則是除工業機器人之外的、用於作業並服務於人類的各種先進機器人。目前，國際上的機器人學者，從應用環境出發將機器人也分為兩類：製造環境下的工業機器人和非製造環境下的服務與仿人型機器人，這和中國的分類是一致的[4]。

國際上機器人的分類如圖 1-10 所示。

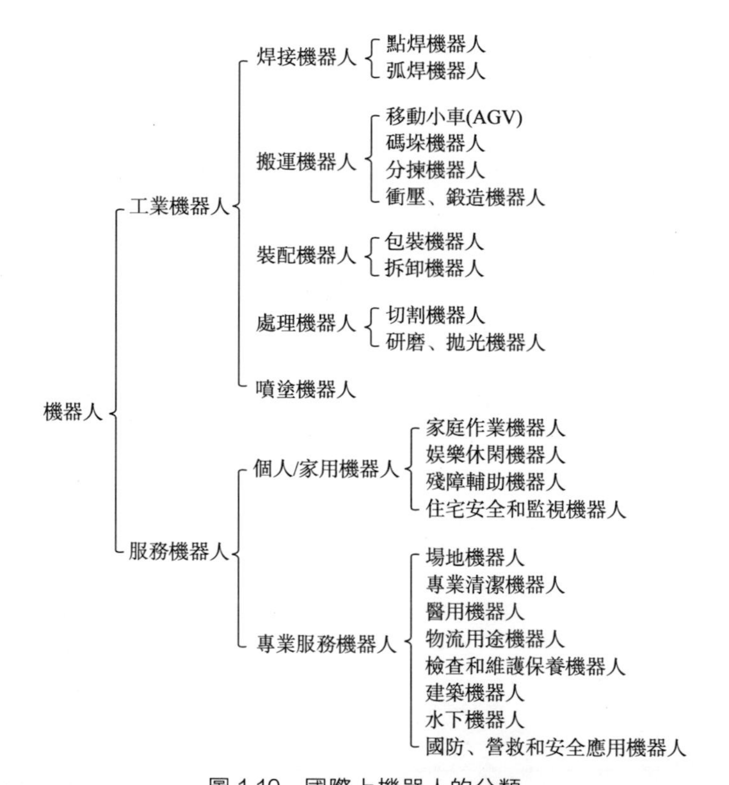

圖 1-10 國際上機器人的分類

服務機器人基本可分為個人/家用服務機器人與專業服務機器人。

① 家庭作業機器人有掃地機器人，圖 1-11 所示為掃地機器人，目前掃地機器人已經走進了尋常百姓家。其他家庭作業機器人還有割草機器人和泳池清潔機器人等。

圖 1-11　掃地機器人

② 娛樂休閒機器人有玩具機器人、個人多媒體娛樂機器人（見圖 1-12）、遙控機器人等。

圖 1-12　娛樂休閒機器人

③ 殘障輔助機器人主要為老年人、行動不便者服務的殘障輔助機器人。如圖 1-13 為行走輔助機器人 Welwalk WW-1000，主要用於幫助失去行動能力的老人或殘障人士恢復步行能力。

Welwalk WW-1000 主要由監控器、走步機以及機械腿三部分組成。使用前，患者需要把機械腿固定在腿部並套上安全索，以確保不會摔傷。

住宅安全和監視機器人主要有安保機器人（見圖 1-14）、監視機器人等。

④ 專業服務機器人中的場地服務機器人是指服務於特殊公共場合的機器人，如餐廳、倉庫、展館、營業廳等。在很多工作場景中，由於工作環境靈活多變、場景複雜，所以對機器人智能方面的要求就很高。場地服務機器人作為一種半自主或全自主的機器人，其工作核心是服務，可以完成製作、維護保養、修理、運輸、清洗、保安、救援、監護等多

種有益於人類的服務工作。圖 1-15 為餐廳機器人。

圖 1-13　行走輔助機器人

圖 1-14　安保機器人

⑤ 專業清潔機器人指在工業生產過程中負責專業清潔，如凝汽器清洗機器人（圖 1-16）使用高壓水射流清洗技術，可以採用進入式和非進入式兩種清洗方式。對於結垢強度較高的凝汽器，採用進入式清洗，噴頭直接進入管道內部進行清洗，提高清潔度；對於普通泥沙類松軟結垢，採用非進入式清洗，噴頭在管端噴射大流量水進行清洗，提高效率，同樣滿足清洗要求。

圖 1-15　餐廳機器人

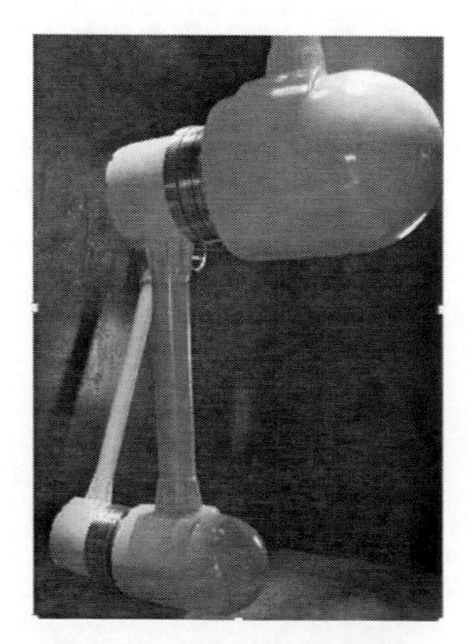

圖 1-16　凝汽器清洗機器人

⑥ 醫用機器人是指用於醫院、診所的醫療或輔助醫療的機器人。它是一種智能型服務機器人，能獨自編制操作計劃，依據實際情況確定動作程序，然後把動作變為操作機構的運動。醫用機器人種類很多，按照其用途不同，可分為多種類型，有臨床醫療用機器人、護理機器人、醫用教學機器人和為殘疾人服務機器人等[5]。

運送藥品機器人可代替護士送飯、送病例和化驗單等，較為著名的有美國 TRC 公司的 Help Mate 機器人。

移動病人機器人主要幫助護士移動或運送癱瘓和行動不便的病人，如英國的 PAM 機器人。

臨床醫療用機器人包括外科手術機器人和診斷與治療機器人，可以進行診斷或精確的外科手術，如日本的 WAPRU-4 胸部腫瘤診斷機器人。美國科學家研發了手術機器人「達・芬奇系統」，這種手術機器人得到了美國食品和藥物管理局認證，它擁有 4 隻機械觸手。在醫生操控下，「達・芬奇系統」可精確完成心臟瓣膜修復手術和癌變組織切除手術，如圖 1-17 為達・芬奇機器人在手術中。美國國家航空和航天局計劃在水下實驗室和航天飛機上進行醫用機器人操作實驗。屆時，醫生能在地面上的電腦前操控水下和外太空的手術。

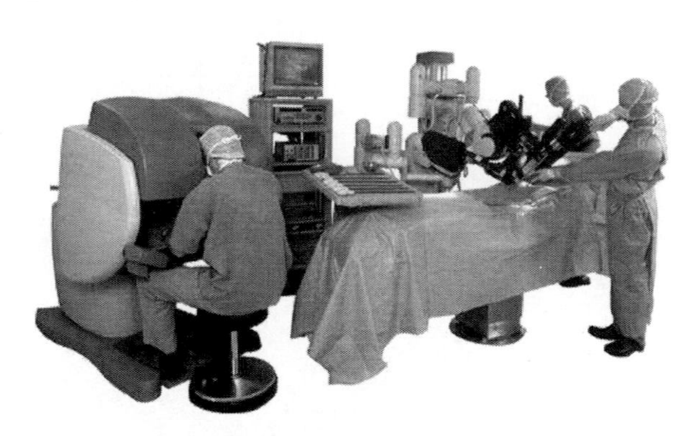

圖 1-17　達・芬奇機器人在手術中

美國醫用機器人還被應用於軍事領域。2005 年，美國軍方投資 1200 萬美元研究「戰地外傷處理系統」。這套機器人裝置被安放在坦克和裝甲車輛中，戰時通過醫生從總部傳來的指令，機器人可以對傷者進行簡單手術，穩定其傷情等待救援。

為殘疾人服務的機器人又叫康復機器人，可以幫助殘疾人恢復獨立生活能力，如美國的 Prab Command 系統。

英國科學家正在研發一種護理機器人，能用來分擔護理人員繁重瑣碎的護理工作。新研製的護理機器人將幫助醫護人員確認病人的身分，並準確無誤地分發所需藥品。將來，護理機器人還可以檢查病人體溫、清理病房，甚至通過視頻傳輸幫助醫生及時瞭解病人病情。

醫用教學機器人是理想的教具。美國醫護人員目前使用一部名為「諾埃爾」的教學機器人，它可以模擬即將生產的孕婦，甚至還可以說話和尖叫。通過模擬真實接生，有助於提高婦產科醫護人員手術配合和臨場反應。

⑦ 物流用途機器人，如 AGV 小車，指裝備有電磁或光學等自動導引裝置，能夠沿規定的導引路徑行駛，具有安全保護以及各種移載功能的運輸車。工業應用中不需駕駛員的搬運車，以可充電的蓄電池為其動力來源。一般可通過電腦來控制其行進路線以及行為，或利用電磁軌道（electro-magnetic path-following system）來設立其行進路線。電磁軌道黏貼於地板上，無人搬運車則依靠電磁軌道所帶來的信息進行移動與動作。

⑧ 建築機器人能遙控、自動和半自動控制，可以在自然環境中進行多種作業，其中以自然作業為最大特徵。建築機器人的機種很多，按其共性技術可歸納為三種：操作高技術、節能高技術和故障自行診斷技術。其研究內容豐富，技術覆蓋面廣，隨著機器人技術的發展，高可靠性、高效率的建築機器人已經進入市場，並且具備廣闊的發展和應用前景。圖 1-18 為某建築機器人。

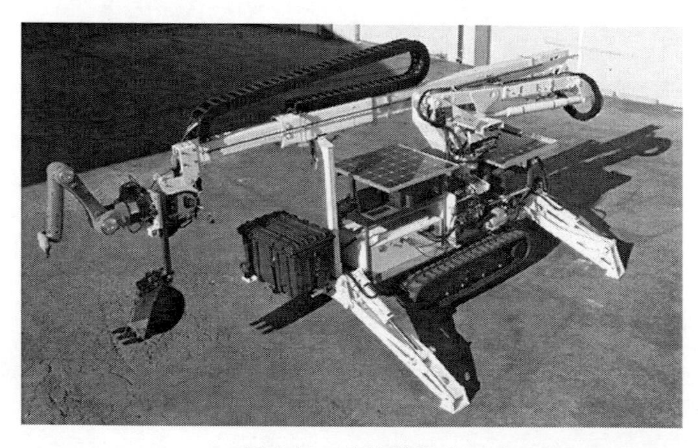

圖 1-18　建築機器人

⑨ 水下機器人也稱無人遙控潛水器，是一種工作於水下的極限作業機器人。水下環境惡劣危險，人的潛水深度有限，所以水下機器人已成為開發海

洋的重要工具。圖 1-19 為中國自行研製的海底探測考察機器人蛟龍號[6]。

圖 1-19　蛟龍號

無人遥控潛水器主要有有纜遥控潛水器和無纜遥控潛水器兩種，其中有纜遥控潛水器又分為水中自航式、拖航式和能在海底結構物上爬行式三種。

⑩ 國防、營救和安全應用機器人中的救援機器人，是為救援而採取先進科學技術研製的機器人，如地震救援機器人，它是一種專門用於大地震後在地下商場的廢墟中尋找倖存者執行救援任務的機器人。這種機器人配備了彩色攝像機、熱成像儀和通信系統。

⑪ 如圖 1-20 所示為中信重工的防爆消防滅火偵察機器人，該機器人由機器人本體、消防砲和手持遥控終端組成，主要用於各領域火災撲救、偵察，尤其適用於石化、燃氣等易爆環境，對提高救援安全性、減少人員傷亡具有重要意義[7]。

圖 1-20　防爆消防滅火偵察機器人

1.4 服務機器人控制的主要內容

服務機器人控制涉及諸多內容，服務機器人的種類繁多，本書不能一一羅列。本書綜合敘述了服務機器人控制的一些共性問題，主要分為機器人的底層控制與上層控制，其中，底層控制包括機器人本體，即機械部分、驅動電路部分、傳感器部分，以及控制策略，如 PID 控制等；上層控制包括機器人的運動分析、路徑規劃以及機器人的軟件部分。

服務機器人控制系統的基本要素包括電動機、減速器、驅動電路、運動特性檢測的傳感器、控制系統的硬件和軟件。

（1）電動機

驅動機器人運動的驅動力，常見的有液壓驅動、氣壓驅動、直流伺服電機驅動、交流伺服電機驅動和步進電機驅動。

（2）減速器

減速器的功能是增加驅動力矩，降低運動速度。

（3）驅動電路

由於直流伺服電機或交流伺服電機流經電流較大，機器人常採用脈衝寬度調制（PWM）方式進行驅動。

（4）運動特性檢測的傳感器

機器人運動特性傳感器用於檢測機器人運動的位置、速度、加速度等參數。

（5）控制系統的硬件

機器人的控制系統是以計算機為基礎的，機器人控制系統的硬件系統採用的是二級結構——協調級和執行級。

（6）控制系統的軟件

包括對機器人運動特性的計算、機器人的智能控制和機器人與人的信息交換等功能。

人類社會的發展永無止境，社會分工越來越細，人類所需要的服務分類也更加廣泛，這也決定了服務機器人的種類繁多。但萬變不離其宗，就服務機器人而言，其研發內容不外乎服務機器人的結構（包括特殊結構）、服務機器人的執行單元、服務機器人的驅動與控制、服務機器人的運動分析、服務機器人的路徑規劃、服務機器人的感知、服務機器人的操作系統等。

參考文獻

[1] 曾艷濤．機器人的前世今生．機器人技術與應用[J]. 2012(02)：226.
[2] History of Industrial Robot. From the first Installation until Today[M]. Compiled by the International Federation of Robotics-IFR 2012.
[3] 陳萬米．神奇的機器人[M]. 北京：化學工業出版社．2014.
[4] 沈以淡．機器人的時代．知識就是力量[J]. 2001(05)：6-7.
[5] 陳廣飛，等．達芬奇手術機器人系統在醫療中的應用．機器人技術與應用[J]. 2011(4)：11-13.
[6] 奇雲．蛟龍探海——聚焦中國深海載人潛水器．科技潮．2011(09)：56-63.
[7] 中信重工特種防爆消防滅火偵察機器人進入消防部隊．中國消防網．2017：8-11.

第2章

服務機器人的移動機構

2.1 移動機構

服務機器人分類及應用場合的多樣性（服務機器人可以出現在室內、室外，如空中、地面、水下等），決定了服務機器人移動機構的多樣性。

常見的服務機器人移動機構有仿生機械腿式、輪式、履帶式、足式等，以下簡要分析各種移動機構的優缺點。

（1）仿生機械腿式移動機構

仿生機械腿式移動機構轉向靈活，可以在狹小空間自由移動，但是其穩定性和速度相對不足，而且仿生機械腿的結構和控制方法複雜，要對其進行準確控制需要複雜的控制算法和多種傳感器配合工作，這會大幅度增加機器人的製造成本[1]。

（2）輪式移動機構

輪式移動機構是目前較為普遍使用的方式，其所使用的驅動輪分為普通輪、全向輪和萬向輪（一般是起支撐作用，作為從動輪）等。輪式移動機構又按照輪子類型的不同和數量的不同分為很多類，比較常見的有單輪滾動、兩輪差動、三輪或四輪甚至更多輪的全向移動[2]。

（3）履帶式移動機構

優點：越障能力、地形適應能力強，可原地轉彎。

缺點：速度相對較低、效率低、運動噪聲較大。

適合範圍：野外、城市環境都可以，尤其在爬樓梯、越障等方面優於輪式機器人[3]。

（4）足式移動機構

優點：幾乎可以適應各種複雜地形，能夠跨越障礙。

缺點：行進速度較低，且由於重心原因容易側翻，不穩定。

下面對常見的服務機器人移動機構進行分析。

2.1.1 單輪移動機構

單輪滾動機構具有很強機動性和靈活性，目前成熟的有日本村田製作所開發的獨輪機器人，如圖 2-1 所示。該類型的移動機構控制方法相對複雜，穩定性也不高[4]。

圖 2-1 村田獨輪機器人

2.1.2 兩輪差動配合小萬向輪機構

常見的兩輪差速加小萬向輪的移動機構比較常見，如圖 2-2 所示為上海交通大學的交龍機器人，兩輪差速加上小萬向輪的移動機構在負重要求不高時移動的穩定性較好，其轉彎半徑也很小。

圖 2-2 交龍機器人

2.1.3 全向輪式移動機構

全向輪式移動機構根據全向輪個數分為三輪、四輪或者更多輪組合。其中比較常見的是正交四輪組合，如圖 2-3 所示為上海大學機器人競賽自強隊設計的正交全向輪組合式底盤，該組合的移動機構以穩定性高、可零半徑原地轉動、控制方法靈活等特點而被廣泛使用。

圖 2-3 上海大學自強隊設計的正交全向輪組合式底盤

該組合可以根據 v_1、v_2、v_3、v_4 這四個輪子的組合速度變化而沿 X 和 Y 軸所在的平面內任意方向移動。

正交全向輪係移動機構的結構、控制相對簡單，具有靈活性和穩定性，既可以原地轉動，還可以在需要時向平面內任意方向運動（平動）。

2.1.4 履帶式移動機構

履帶式移動機器人如圖 2-4 所示，具有以下特點。

① 履帶式移動機器人支撐面積大，接地比壓小，適合在松軟或泥濘場地作業，下陷度小，滾動阻力小，通過性能好；越野機動性能好，爬坡、越溝等性能均優於輪式移動機器人。

② 履帶式移動機器人轉向半徑極小，可以實現原地轉向，其轉向原理是靠兩條履帶之間的速度差（即一側履帶減速或煞死而另一側履帶保持較高的速度）來實現轉向。

③ 履帶支撐面上有履齒，不易打滑，牽引附著性能好，有利於發揮

較大的牽引力。

④ 履帶式移動機器人具有良好的自復位和越障能力，帶有履帶臂的機器人可以像腿式機器人一樣實現行走。

圖 2-4 履帶式機器人

當然，履帶式移動機器人也存在一些不足之處，比如在機器人轉向時，為了實現轉大彎，往往要採用較大的牽引力，在轉彎時會產生側滑現象，所以在轉向時對地面有較大的剪切破壞作用。

從 20 世紀 80 年代起，國外就對小型履帶式移動機器人展開了系統的研究，經過多年的技術積累和經驗總結，已經取得了可喜的研究成果。比較有影響的是美國的 Packbot 機器人、URBOT、NUGV 和 Talon 機器人，它們應用在伊拉克戰爭和阿富汗戰爭中，取得了巨大的成功。此外，英國研製的 Supper Wheelbarrow 排爆機器人、加拿大謝布魯克大學研製的 AZIMUT 機器人、日本的 Helios Ⅶ機器人都屬於履帶式機器人。中國對履帶式機器人的研究起步較晚，但是近期也取得了一定的成果，如瀋陽自動化研究所研製的 CLIMBER 機器人、北京理工大學研製的四履腿機器人、北京航空航天大學研製的可重構履腿機器人等。

2.1.5 足式機構[5]

未來機器人將更多地應用在複雜的環境中，足式機器人具有很強的環境適應性和運動靈活性，可以滿足未來機器人的要求。這類機器人具有以下幾個特點。

① 採用足式行走方式的機器人可以更好地適應外部複雜多變的環境。這是由於該種機器人的支撐點為一系列離散點，移動時只需要腿部末端與地面點接觸，對複雜地形適應能力好，可以輕松地跨越一些大型障礙物（石塊、坑窪等）以及沼澤、泥潭等惡劣地形，能夠選擇更為平整的區域作為腿部的落足點；在一條或者多條腿損壞六足移動機器人的仿生機構設計與運動學分析時也可正常運動，繼續完成工作。

② 腿部具有多個關節，將相對獨立的連桿連接在一起，多個自由度可以顯著提高機器人運動靈活性，並通過控制各個關節的擺角調整腿部姿態和機體重心，達到穩定機器人的目的，不易發生側翻。

③ 足式機器人的機體和地面是分離的，使得機器人運動系統具有主動減振效果，允許機體的運動軌跡和足端軌跡解耦。機器人不管路面情況如何複雜和腿部支撐點位置是否平穩，均可以保持機體穩定移動。

足式機器人的足數越多，其保持運動穩定的能力越好。四足以上即可滿足機器人行走過程中腿部擺動，其餘腿支撐時機體保持平衡；而七足以上機器人會由於足數過於飽和，產生浪費。

雙足機器人具有類似人類的基本外貌特徵和步行功能，其步行方式自動化程度較高，動力學特性好，適應性強，具有很大的發展潛力。但其支撐面積小，支撐面的形狀隨時間變化大，質心相對位置高，靈活度較高，其結構複雜，給穩定性的控制帶來一些困難。圖 2-5 為 Nao 雙足機器人。圖 2-6 為四足機器人（大狗）。圖 2-7 為六足機器人——美國的「機遇號」火星車。

圖 2-5　Nao 雙足機器人

圖 2-6　美國的四足機器人（大狗）

圖 2-7　美國 「機遇號」 火星車（六足）

2.2 設計舉例[6]

2.2.1 輪式移動服務機器人底盤

基於服務機器人的應用特點，輪式移動機器人是目前應用最為廣泛的機構之一，本小節以全向移動服務機器人的底盤為例進行介紹。

服務機器人全向運動的關鍵結構為全向輪，其基本思想是：驅動輪可以在不平行於驅動的方向上自由滾動。將幾個這樣的全向輪組合成一個系統，在這個系統中，單個的輪子在一個方向上可以提供扭矩，但在另外一個方向上（通常是軸線方向）能夠自由滾動，組合起來的整個系統具有全向運動的功能。

實際製作時，可以在一個大輪子周圍垂直方向上均勻分布若干小輪子，大輪子由電機驅動，小輪子可以自由轉動，使服務機器人在大輪子垂直方向側滑時沒有摩擦。如果將 3 個或 3 個以上的這種輪子固連在服務機器人的底盤上，每個輪子就可以提供一個與驅動軸重合的扭矩，這些扭矩的合成可以使服務機器人具備全向移動的能力。

（1）單片全向瑞士輪

單片全向瑞士輪，如圖 2-8 所示，其製作工藝相對簡單，運動過程中單個小從動輪與地面接觸為離散的點接觸，當離散的接觸點在輪滾動的過程中，出現多邊形效應，如圖 2-9 所示，造成整個輪體出現幅度較大的顛簸起伏，對運動控制的精度影響很大。在實際使用中，不是很理想。

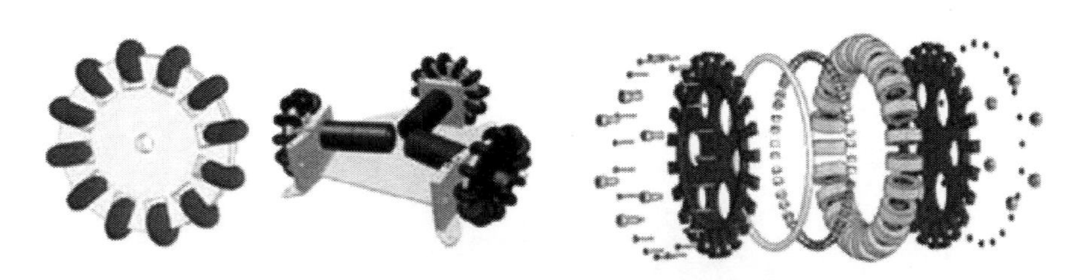

圖 2-8　單片全向瑞士輪結構及其爆炸圖

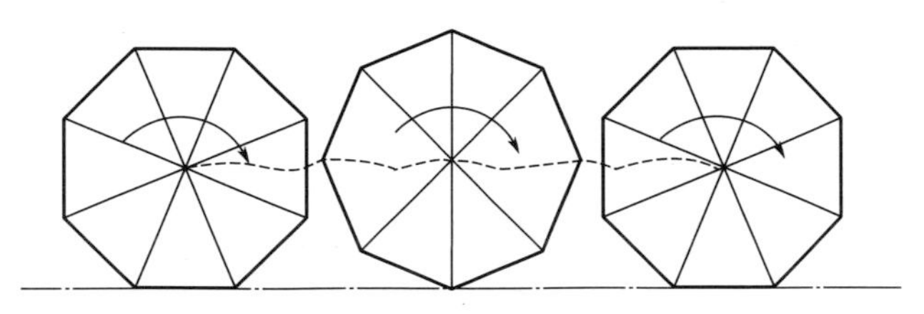

圖 2-9　多邊形效應

(2) 雙排全向瑞士輪

雙排全向瑞士輪，如圖 2-10 所示，通過內外兩層複合輪體實現與地面的連續接觸，在運動地表平面度比較理想的情況下能實現全向運動的效果。但其運動過程中，由於內外兩層輪體交替與地面接觸受力，從而產生了動載荷效應。

圖 2-10　雙排全向瑞士輪

(3) 差補全向輪

差補全向輪，如圖 2-11 所示，把單片和雙排全向瑞士輪的結構優點組合在了一起，同時又克服了前兩者的缺點，既沒有多邊形效應，也沒有動載荷的產生，可以實現平滑的全向運動，但其結構工藝相當複雜，成本高，使用壽命又相對較短。圖 2-12 為差補全向輪在服務機器人中的應用。

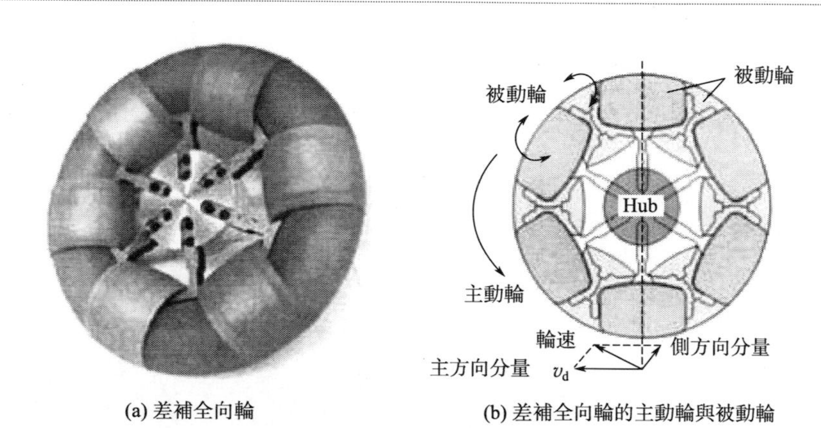

(a) 差補全向輪　　(b) 差補全向輪的主動輪與被動輪

圖 2-11　差補全向輪結構

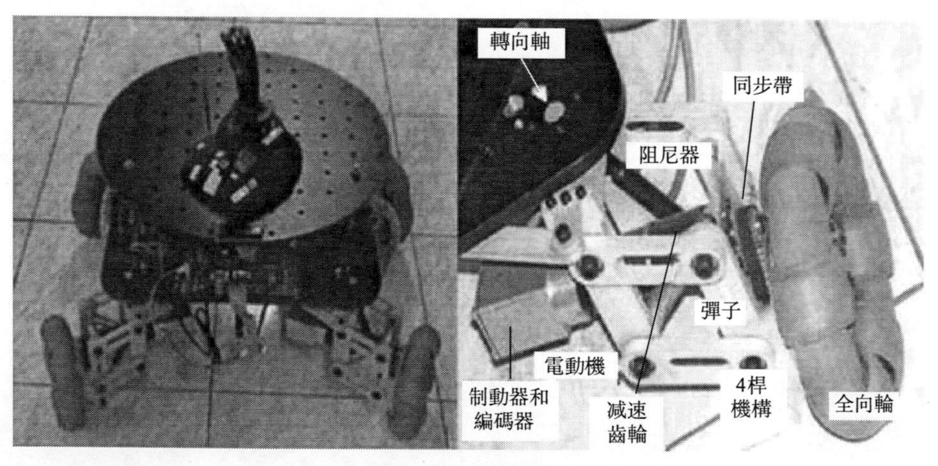

圖 2-12　差補全向輪在服務機器人中的應用

綜合上述分析，服務機器人的驅動底盤採用 4 個萬向驅動輪，如圖 2-13 所示。這樣既有利於速度的分解，又有利於服務機器人運動的控制。

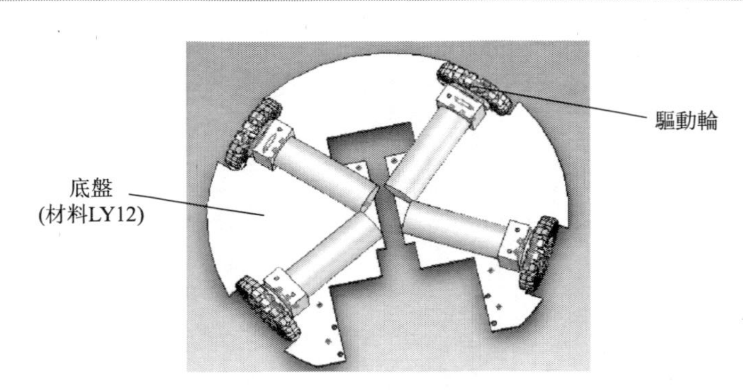

圖 2-13 驅動底盤

2.2.2 雙足步行機器人

雙足步行機器人可直立行走，有著良好的自由度，動作靈活、自如、穩定。雙足機器人是一種仿生類型的機器人，能夠實現機器人的雙足行走和相關動作。作為由機械控制的動態系統，雙足機器人包含了豐富的動力學特性。在未來的生產生活中，類人型雙足行走機器人可以幫助人類解決很多問題，比如可從事馱物、搶險等一系列繁重或危險的工作。

雙足機器人的結構類似於人類的雙足，可以實現像人類一樣行走。機器人可採取模擬舵機代替人類關節，實現機器人的步態設計控制。使用舵機控制芯片控制各個關節的動作，從而實現了對步伐的大小、快慢、幅度的控制。

用鋁合金或其他輕型高硬度材料來製作機器人的結構件，類似於人類的骨骼，從而來支撐機器人的整體。用輕型、有一定強度的材料（如亞克力板）來製作機器人的頂板和腳板，模擬人類的胯部和腳掌，從而支持機器人的行走與穩定。因為人類行走是多關節配合的動作，雙足機器人能獨立完成行走或其他任務。作為類人形機器人，雙足機器人可採用 6 個舵機分別代替兩條腿的關節，其中一條腿的 3 個關節如圖 2-14 所示，機器人關節的結構如圖 2-15 所示。

（1）舵機

使用舵機來代替關節活動，舵機的好壞決定了機器人行走的質量。選擇質量好、運行平穩、執行到位的常規舵機即可，決定結構件尺寸與型號的關鍵在於舵機的尺寸型號。

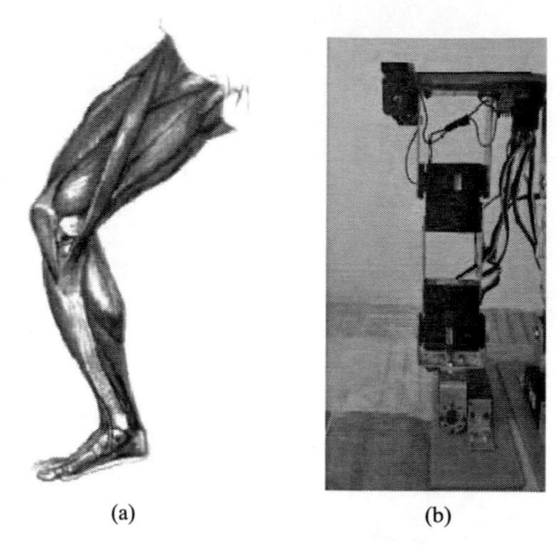

圖 2-14　雙足機器人的關節

機器人的整體機械結構如圖 2-16 所示。

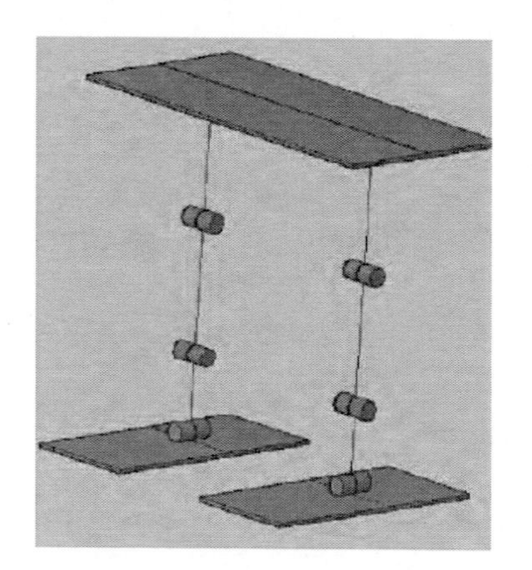

圖 2-15　機器人關節的結構

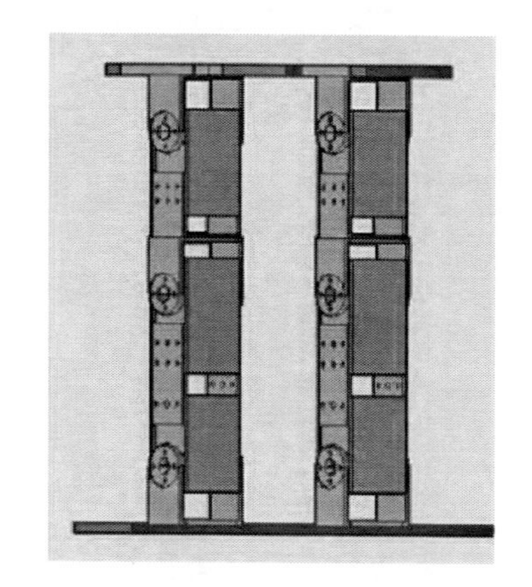

圖 2-16　機器人的整體機械結構

（2）結構件

用 2mm 鋁合金板製作結構件來代替骨骼。材料選擇需注意：材料需滿足易切割、打孔，材料成形後不易形變，能支撐機器人重量。

（3）腳板、頂板

使用 0.5mm 亞克力板製作機器人的腳板和頂板，來模擬人的腳掌和胯部。

雙足機器人在行走過程中需要考慮其穩定性與平衡性，即「零力矩點」（ZMP）問題。「零力矩點」是判定雙足機器人是否能動態穩定運動的重要指標，ZMP 落在腳掌的範圍裏面，則機器人可以穩定地行走。

2.2.3 履帶式機器人底盤

履帶式機器人底盤用於將機械重力傳給地面，是保證機械發出足夠驅動力的裝置。圖 2-17、圖 2-18 為履帶行走的裝置結構。

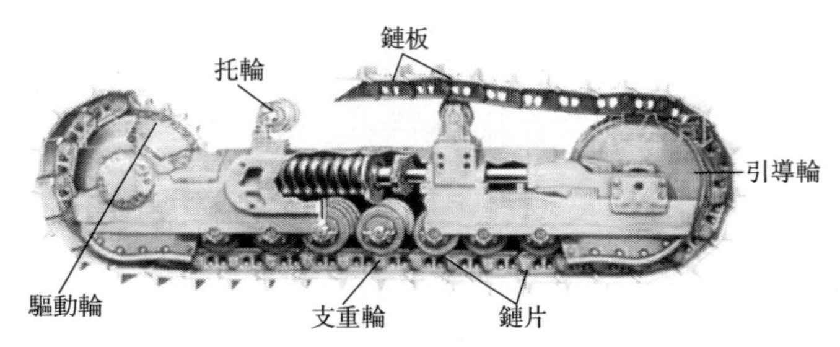

圖 2-17　履帶行走的裝置結構（一）

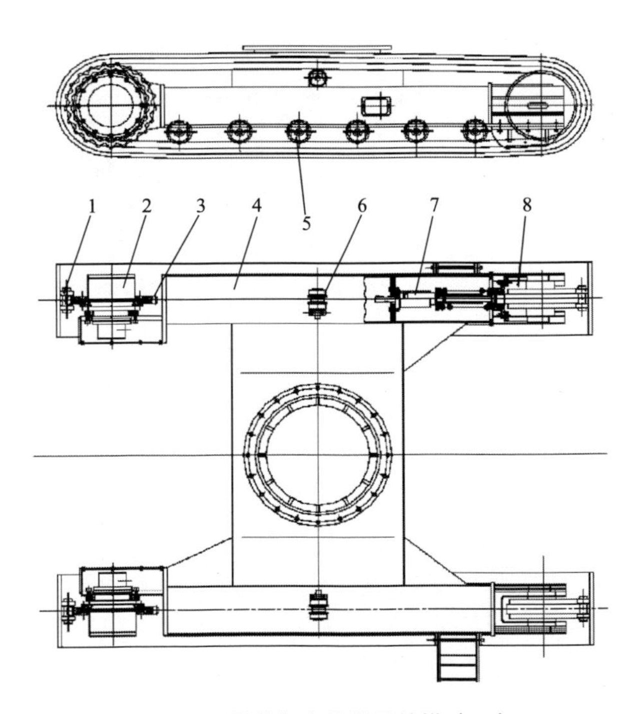

圖 2-18　履帶行走的裝置結構（二）

1—履帶；2—行走減速機；3—驅動輪；4—行走架；5—支重輪；6—拖鏈輪；7—張緊裝置；8—引導輪

（1）鏈軌節設計

履帶鏈軌節分為左右 2 節，2 節的基本尺寸一樣。圖 2-19 和圖 2-20 分別為履帶鏈軌節的左右 2 個鏈軌。

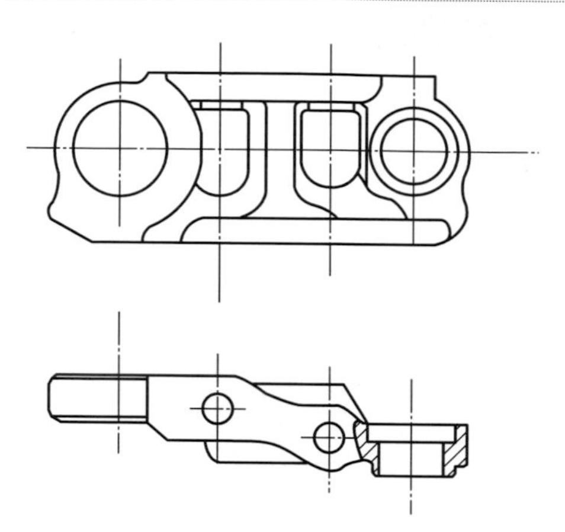

圖 2-19　右鏈軌節（AutoCAD 圖）

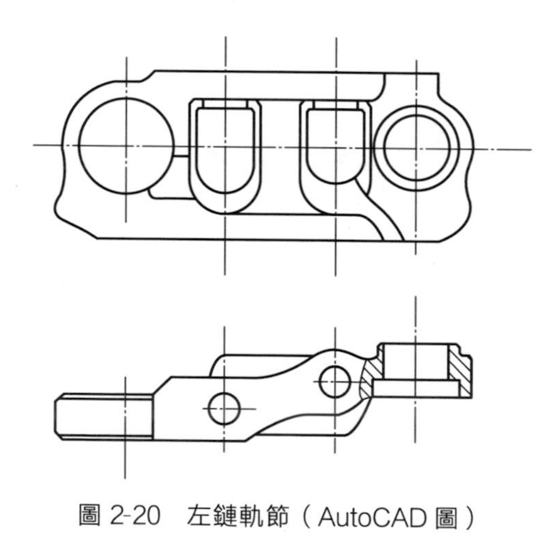

圖 2-20　左鏈軌節（AutoCAD 圖）

（2）履帶板設計

履帶板主要是把機器人的重力傳給地面，除要求有良好的附著性能外，還要求它有足夠的強度、剛度和耐密性。圖 2-21、圖 2-22 為履帶板的樣式圖。在製作過程中，履帶板不得有裂痕，需要用磁粉探傷方法去檢測，而且履帶板的強度、硬度要達到規定要求。

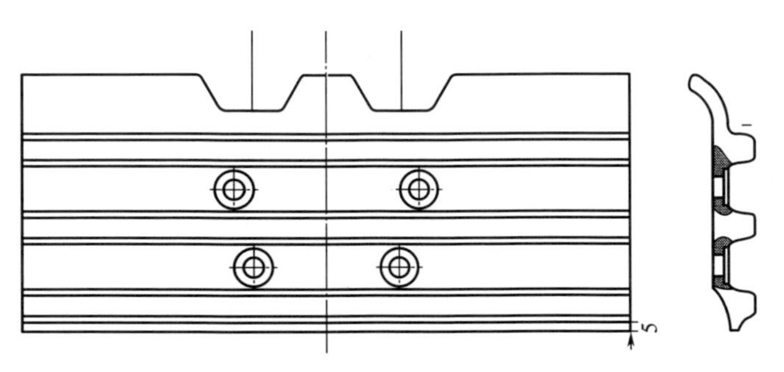

圖 2-21　履帶板（AutoCAD 圖）

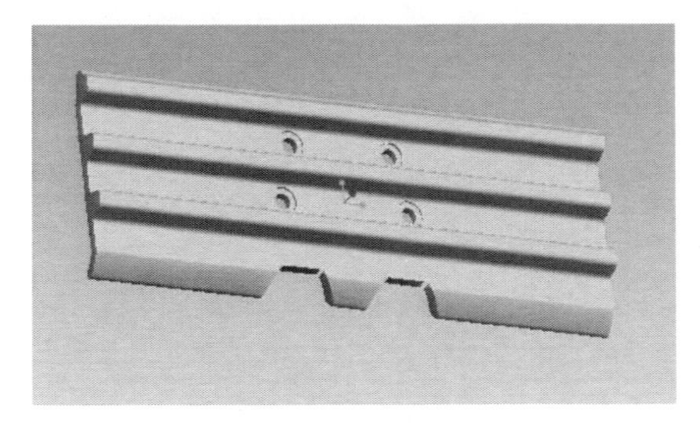

圖 2-22　履帶板（ProE 圖）

(3) 鎖緊銷軸和銷軸設計

鎖緊銷軸和銷軸樣式基本要符合圖 2-23、圖 2-24。圖 2-23 為鎖緊銷軸，圖 2-24 為銷軸。鎖緊銷軸和銷軸是用來連接左右兩鏈軌節的重要連接鍵，同時也是連接前後兩鏈軌節的重要連接鍵。

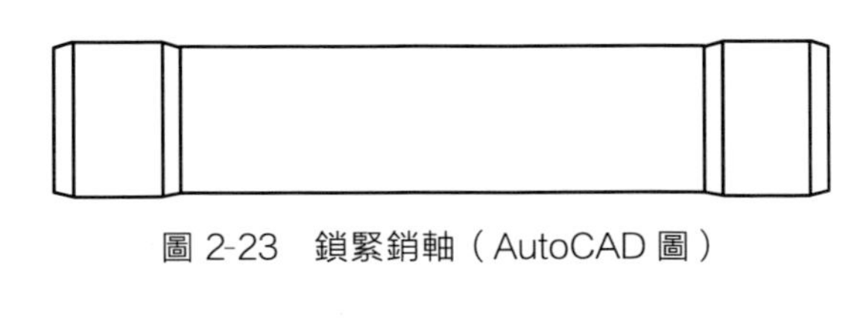

圖 2-23　鎖緊銷軸（AutoCAD 圖）

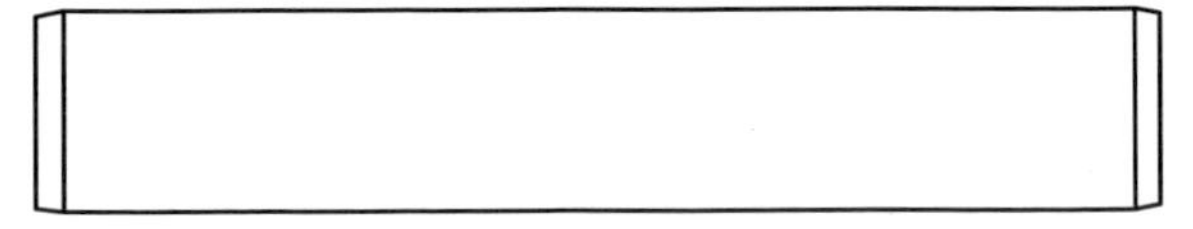

圖 2-24　銷軸（AutoCAD 圖）

（4）鎖緊銷套和銷套設計

鎖緊銷套和銷套是用來更好固定鎖緊銷軸和銷軸的零件，可以起到密封作用，防止機械在工作時混入各種雜質。圖 2-25 為鎖緊銷套，圖 2-26 為銷套。

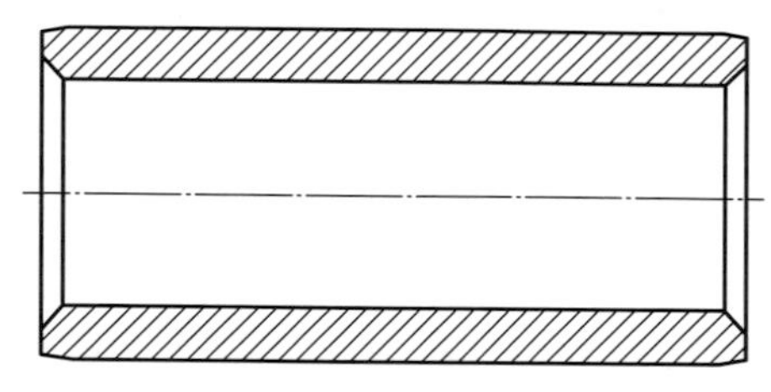

圖 2-25　鎖緊銷套（AutoCAD 圖）

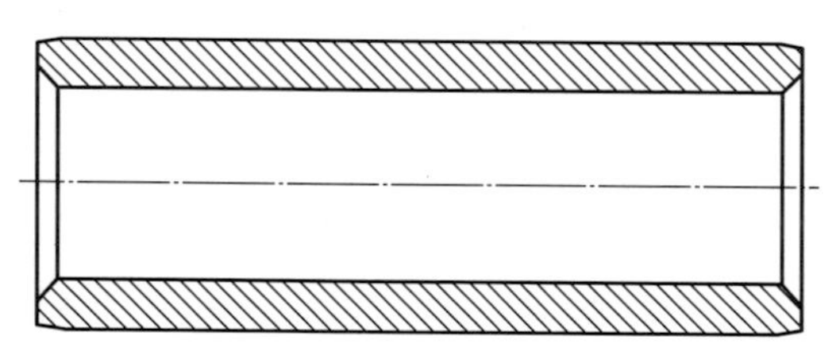

圖 2-26　銷套（AutoCAD 圖）

（5）履帶裝配設計

把各零件裝配到一起，加入標準件，完成履帶的裝配簡圖，見圖 2-27。根據 JB/T 59321—2017 規定，在外觀與裝配質量上有以下幾點要求。

① 履帶總成中各零件應符合 JB/T 5932.2～JB/T 5932.5 和 JB/T 11010 的規定。履帶密封件的型式和結構尺寸參見 JB/T 5932.1—2017 附錄 B。

② 履帶總成塗漆應均勻、平整，外觀應光潔、美觀。

③ 銷軸兩端的裝配伸出量偏差應在±1.5mm 以內。

④ 相鄰鏈軌節之間轉動平面側隙應在 0.5～2.5mm 之間。

⑤ 鏈軌總成裝配後的直線度誤差為每 10 節不大於 4mm，全長不大於 8mm。

⑥ 履帶總成應轉動靈活，不得有卡死成干涉現象。

⑦ 履帶螺栓的擰緊力矩應按產品的圖樣要求或 JB/T 5932.5 的要求，性能等級不低於 10.9 級。

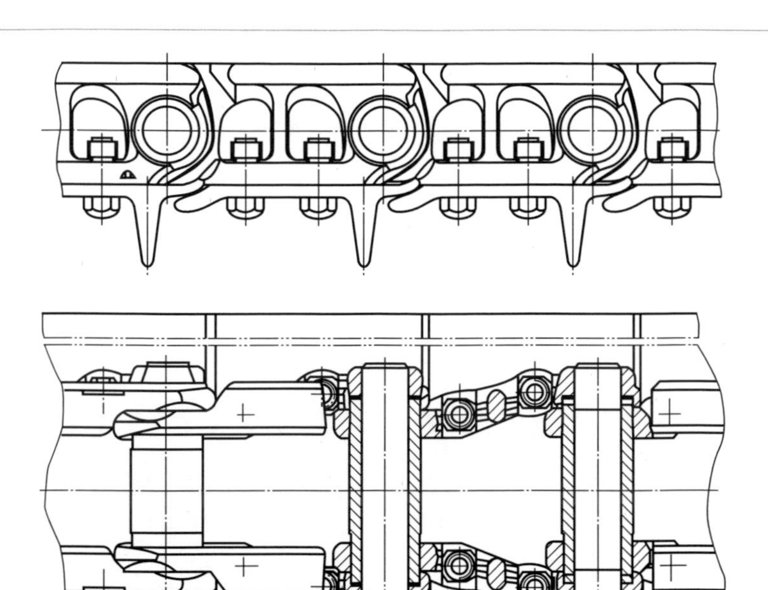

圖 2-27　履帶裝配圖

服務機器人根據其服務對象的不同，可以具有不同的移動機構。移動機構的穩定、可靠是服務機器人走向成熟應用的前提。

參考文獻

[1] 程剛．並聯式仿生機械腿結構設計及動力學研究[D]. 北京：中國礦業大學，2008.

[2] 朱磊磊．輪式移動機器人研究綜述．機床與液壓[J]. 2009(08)：242-247.

[3] 陳淑艷．履帶式移動機器人研究綜述．機電工程[J]. 2007(12)：109-112.

[4] 陳旭東．老人服務機器人的移動機構運動控制系統研究[D]. 北京：中國科學技術大學，2011.

[5] 張鵬翔．液壓驅動的足式機器人腿部設計與研究[D]. 北京：北京郵電大學，2011.

[6] 陳萬米，等．智能足球機器人系統[M]. 北京：清華大學出版社，2009.

第3章

服務機器人的執行單元

機器人是模仿人或者其他生物製造出來的自動化機器，這個模仿不僅是外形上的模仿，更主要是指運行機理上的模仿，因此，探索機器人的奧祕還是要從人體開始。人類有手，能做各種各樣的動作；有腿腳，能走路；有眼睛，能看到東西；有嘴巴，能說話；有耳朵，能聽到聲音；有皮膚，能感覺到涼熱軟硬；有大腦，能思考……我們可以把這些器官抽象為 3 種要素：感知器、控制器和執行器。簡單地說，感知器對應著我們的感覺器官，感受著外部和內部的信息，比如光、聲音、溫度、位置、疼痛、平衡等；控制器對應著我們的大腦和小腦，控制身體的動作，進行思考和決策；而執行單元則對應著我們的肌體，實現身體的動作等。

服務機器人的移動機構，在前面已有介紹，本章主要認識機器人身上的其他部分。為使機器人能夠自動地，從聽聲音、做動作、交談、爬樓梯、拿東西，到感知不同的情況，如熱、煙、光等，甚至可以自己思考、學習等，必須先給機器人提供一個強健的身體，包括機器人的軀體以及形形色色的四肢，這就是機器人的執行單元。

3.1 服務機器人的機械臂

（1）機械臂的構型

機械系統是機器人實現搬運操作對象、移動自身等功能的基本手段。機器人的操作手應該像人的手臂那樣，能把抓持（裝有）工具的手，依次伸到預定的操作位置，並保持相應的姿態，完成給定的操作。或者能以一定速度，沿預定空間曲線移動並保持手的姿態，在運動過程中完成預定的操作。操作手在結構上也類似於人的臂，可以把手伸到空間的任一位置。腕轉動手，以保持任意預定姿態。手可以抓取或安裝所用的工具。

機器人臂部是機器人的主要執行部件，其作用是支承手部和腕部，並改變手部在空間的位置。機器人的臂部一般具有多個自由度，可以執行伸縮、回轉、俯仰或升降等動作。

機器人臂部的結構形式必須根據機器人的運動形式、抓取質量、動作自由度、運動精度、受力情況、驅動單元的布置、線纜的布置與手腕的連接形式等因素來確定，其總質量較大，受力較複雜，其運動部分零部件的質量直接影響著臂結構的剛度和強度。機器人臂部一般要滿足下述要求。

① 剛度要大。為防止臂部在運動過程中產生過大的變形，手臂截面形狀的選擇要合理。

② 導向性要好。為防止手臂在直線運動中沿運動軸線發生相對轉動，設置導向裝置，或設計方形、花鍵等形式的臂桿。

③ 偏重力矩要小。要盡量減小臂部運動部分的質量，以減小偏重力矩，整個手臂對回轉軸的轉動慣量，以及臂部的質量對其支撐回轉軸所產生的靜力矩。

圖 3-1 是一種常見的機械臂。

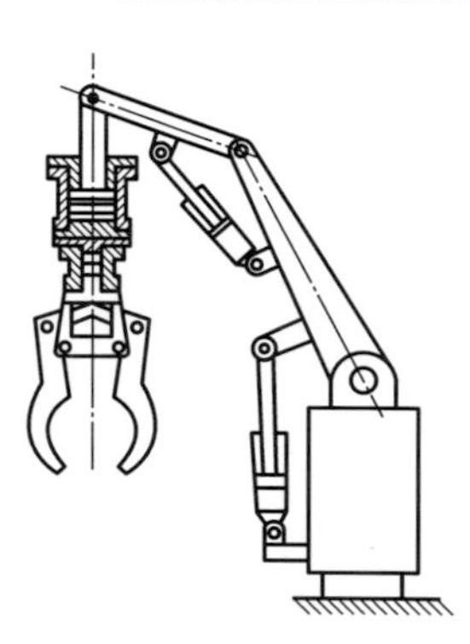

圖 3-1　常見的機械臂

機器人手臂的構型是非常重要的，合理的構型設計不僅可以減少空間的占用，還能夠減小系統質量，降低整個系統的複雜程度，提高整個系統的可靠性。機器人手臂的構型設計主要由關節自由度配置和關節間連接部件尺寸兩個方面來決定。如果自由度越多，結構越複雜，機器人手臂的運動學、動力學分析也相應地複雜。

機器人的手臂由大臂、小臂（或多臂）組成，其作用是連接機身和腕部，實現操作機在空間上的運動。手臂的驅動方式主要有液壓驅動、氣動驅動和電氣驅動幾種形式，其中電動形式最為通用。

行程小時，常用氣缸直接驅動；行程較大時，可採用步進電動機或伺服電動機驅動，也可採用絲槓螺母或滾珠絲槓傳動。為增加手臂的剛性，防止手臂在伸縮運動時繞軸線轉動或產生變形，臂部伸縮機構需設置導向裝置，或設計方形、花鍵等形式的臂桿。常用的導向裝置有單導向桿和雙導向桿等，可根據手臂的結構、抓重等因素選取。

（2）自由度和座標

提到結構，有兩個重要的概念：自由度和座標系。根據機械原理，機構具有確定運動時所必須給定的獨立運動參數的數目（即為了使機構的位置得以確定，必須給定的獨立的廣義座標的數目），稱為機構自由度(degree of freedom of mechanism)，其數目常以 F 表示。

在數學和物理中，我們用座標來描述物體的空間狀態，例如直角座標系、圓柱座標系、極座標系等。座標系的作用就是選擇一組位置基準，用最少的一組數字來唯一確定物體的狀態。在三維空間直角座標系中，用 x、y、z 3 個數據就可以完全確定一個點的位置。對於一個物體在空間中的狀態描述，除了確定它的位置，還要確定它的姿態，所以需要 6 個座標來描述一個物體在空間中的狀態：x、y、z、R_x、R_y、R_z，其

中 R_x、R_y、R_z 表示物體繞著 3 個座標軸方向轉動的角度。在機器人運動中，如果確定一個初始狀態，只要知道了每一個關節轉過了多少角度（轉動關節）或者移動了多少距離（移動關節），就能完全確定機器人的位置和姿態，因此也可以使用機器人各關節的轉角或者移動距離來描述機器人的狀態，這種座標系稱為機器人關節座標系，可用一組變量 $[q_0, q_1, q_2, \cdots, q_n]$ 來表示，q_i 就代表各關節變量。

服務機器人的執行系統由傳動部件與機械構件組成，主要包括上肢、下肢、機身 3 大部分，每一部分都可以具有若干自由度。若機身具備行走機構，便稱為移動機器人；若機器人具有完全類似於人的軀體（如頭部、雙臂、雙腿、身體等執行機構），則稱為仿人機器人。同樣，各種仿生機器人則具有類似被模仿生物對象的執行結構特點；若機身不具備行走能力，則稱為機器人操作臂（robot manipulator）。由於不同類型的機器人所需要的機械結構及部件不同，本節僅僅對一些常見的機械結構做出介紹。

3.1.1 四自由度機械臂

傳統的機械臂是由 4 個自由度構成的，其中包括兩個水平關節，一個既能垂直移動又能旋轉的連桿。其中水平連桿可以在水平面內旋轉，進行水平面內的定位。垂直連桿可以豎直升降，完成垂直於平面的運動。垂直連桿還可以轉動，完成末端的轉動。因此機器人在垂直方向上既能保證剛度又能保證精度，同時在水平面內能自由轉動，動作很靈活，非常適合在平面定位、在垂直方向進行裝配等工作，具有很廣闊的應用空間。本書介紹的機械臂模型如圖 3-2 所示。該機械臂共由 4 個自由度組成，其中大臂和小臂為回轉關節，可以在平面內進行快速準確的定位；第三個自由度為升降關節，可以控制物體高度；第四個自由度為旋轉關節，可以進行 360°旋轉，控制物體位姿。

針對機器臂的運動學分正解和逆解，分別計算給定 4 個自由度的關節變量，求解抓取物體的位姿；給定物體位姿，求解 4 個關節變量。

(1) 四自由度機械臂運動學正向求解過程

四自由度機器臂由 4 個關節組成，將每個桿件建立一個座標系。通常把相鄰兩個連桿之間的相對座標變換叫做 A 矩陣。於是每個關節相對於初始座標系的變換就意味著是之前的若干個關節的變換矩陣通過連乘的結果。如第二桿相對於初始座標系的變換為 $\boldsymbol{T}_2 = \boldsymbol{A}_1^0 \boldsymbol{A}_2^1$，式中，$\boldsymbol{A}_1^0$ 為連桿 1 在初始座標系中的位姿變換矩陣；$\boldsymbol{A}_2^1$ 為連桿 2 對於連桿 1 的變換矩陣。那麼第四桿的座標變換為 $\boldsymbol{T}_4 = \boldsymbol{A}_0^1 \boldsymbol{A}_2^1 \boldsymbol{A}_3^2 \boldsymbol{A}_4^3$。

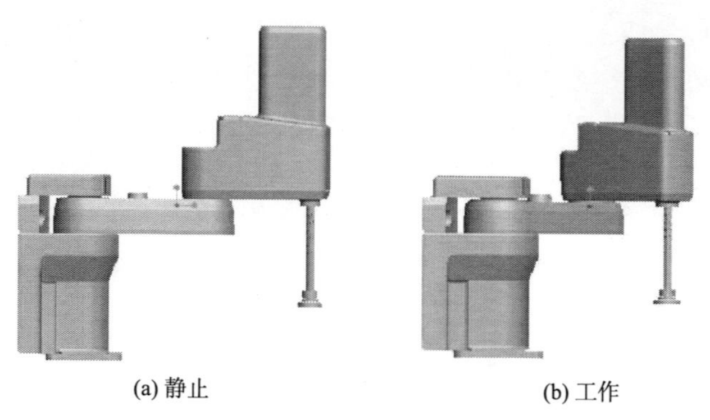

圖 3-2　四自由度機械臂（效果圖）

根據機械臂各連桿的幾何參數和關節變量，可以求出利用下關節建立座標系的 $\mathbf{A}_i^{i-1}$ 矩陣。

$$\mathbf{A}_i^{i-1} = \mathrm{Rot}(x, a_{i-1})\mathrm{Trans}(x, a_{i-1})\mathrm{Rot}(z, \theta_i)\mathrm{Trans}(z, d_i)$$

$$\mathbf{A}_i^{i-1} = \begin{bmatrix} \cos\theta_i & -\sin\theta_i & 0 & a_{i-1} \\ \sin\theta_i \cos\alpha_{i-1} & \cos\theta_i \cos\alpha_{i-1} & -\sin\alpha_{i-1} & -d\sin\alpha_{i-1} \\ \sin\theta_i \sin\alpha_{i-1} & \cos\theta_i \sin\alpha_{i-1} & \cos\alpha_{i-1} & d_i \cos\alpha_{i-1} \\ 0 & 0 & 0 & 1 \end{bmatrix} \tag{3-1}$$

圖 3-3 所示為採用上面方法建立的四自由度機械臂座標系。

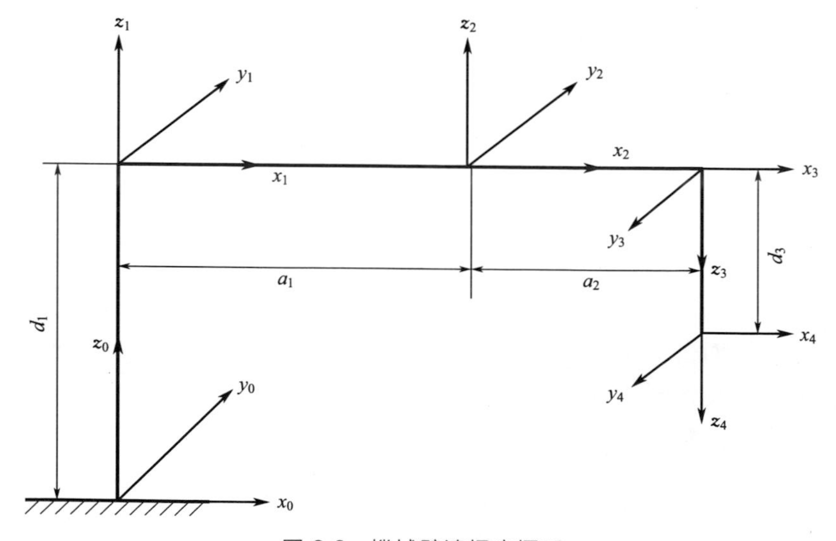

圖 3-3　機械臂連桿座標系

各相鄰關節的齊次座標變換矩陣分別為：

$$A_1^0=\begin{bmatrix}\cos\theta_1 & -\sin\theta_1 & 0 & 0\\ \sin\theta_1 & \cos\theta_1 & 0 & 0\\ 0 & 0 & 1 & d_1\\ 0 & 0 & 0 & 1\end{bmatrix} \quad A_2^1=\begin{bmatrix}\cos\theta_2 & -\sin\theta_2 & 0 & a\\ \sin\theta_2 & \cos\theta_2 & 0 & 0\\ 0 & 0 & 1 & 0\\ 0 & 0 & 0 & 1\end{bmatrix}$$

$$A_3^2=\begin{bmatrix}1 & 0 & 0 & a_2\\ 0 & -1 & 0 & 0\\ 0 & 0 & -1 & -d_3\\ 0 & 0 & 0 & 1\end{bmatrix} \quad A_4^3=\begin{bmatrix}\cos\theta_4 & -\sin\theta_4 & 0 & 0\\ \sin\theta_4 & \cos\theta_4 & 0 & 0\\ 0 & 0 & 1 & 0\\ 0 & 0 & 0 & 1\end{bmatrix}$$

於是得到四自由度機械臂末端位姿矩陣為：

$$A_4^0=A_1^0\cdot A_2^1\cdot A_3^2\cdot A_4^3$$

$$=\begin{bmatrix}\cos(\theta_1+\theta_2-\theta_4) & \sin(\theta_1+\theta_2-\theta_4) & 0 & a_2\cos(\theta_1+\theta_2)+a_1\cos\theta_1\\ \sin(\theta_1+\theta_2-\theta_4) & -\cos(\theta_1+\theta_2-\theta_4) & 0 & a_2\sin(\theta_1+\theta_2)+a_1\sin\theta_1\\ 0 & 0 & -1 & d_1-d_3\\ 0 & 0 & 0 & 1\end{bmatrix} \tag{3-2}$$

(2) 四自由度機械臂運動學逆向求解過程

機械臂運動學的逆問題就是已知機器人末端執行器的位置和姿態時，計算各關節變量 θ 和 d。對於 3～6 個關節的機器人，如果滿足其中 3 個相鄰關節軸交於一點，就可以認為此時機器人存在封閉逆解。

① 求關節變量 θ_1。

用可逆變換矩陣 $(A_1^0)^{-1}$ 左乘方程 (3-2) 兩邊，得：

$$(A_1^0)^{-1}A_4^0=A_1^2A_2^3A_3^4 \tag{3-3}$$

$$\begin{bmatrix}\cos\theta_1 & \sin\theta_1 & 0 & 0\\ -\sin\theta_1 & \cos\theta_1 & 0 & 0\\ 0 & 0 & 1 & -d_1\\ 0 & 0 & 0 & 1\end{bmatrix}\cdot\begin{bmatrix}n_x & o_x & a_x & p_x\\ n_y & o_x & a_y & p_y\\ n_z & o_z & a_z & p_y\\ 0 & 0 & 0 & 1\end{bmatrix}$$

$$=\begin{bmatrix}\cos(\theta_2-\theta_4) & \sin(\theta_2-\theta_4) & 0 & a_1+a_2\cos\theta_2\\ \sin(\theta_2-\theta_4) & -\cos(\theta_2-\theta_4) & 0 & a_2\sin\theta_2\\ 0 & 0 & -1 & -d_3\\ 0 & 0 & 0 & 1\end{bmatrix} \tag{3-4}$$

令式 (3-4) 中左右矩陣的第一行、第四列和第二行、第四列分別相等，得：

$$\begin{cases} p_x\cos\theta_1+p_y\sin\theta_1=a_1+a_2\cos\theta_2 \\ -p_x\sin\theta_1+p_y\cos\theta_1=a_2\sin\theta_2 \end{cases} \tag{3-5}$$

由上面方程組可解得：

$$\theta_1=\arctan\frac{\mathbf{A}}{\pm\sqrt{1-\mathbf{A}^2}}-\varphi \tag{3-6}$$

② 求關節變量 θ_2。

將 θ_2 的值代入方程組（3-6），得：

$$\theta_2=\arctan\frac{r\cos(\theta_1+\varphi)}{r\sin(\theta_1+\varphi)-a_1} \tag{3-7}$$

③ 求關節變量 d_3。

令矩陣方程（3-4）左右兩側的矩陣第三行、第四列對應相等，得：

$$d_3=d_1-p_z \tag{3-8}$$

④ 求關節變量 θ_4。

令矩陣方程（3-4）的第 1、2 行中的第 1 列對應相等，得：

$$\begin{cases} n_x\cos\theta_1-n_y\sin\theta_1=\cos(\theta_2-\theta_4) \\ -n_x\sin\theta_1+n_y\cos\theta_1=\sin(\theta_2-\theta_4) \end{cases} \tag{3-9}$$

解式(3-9）方程組，得：

$$\theta_4=\arcsin(n_y\cos\theta_1-n_x\sin\theta_1)+\theta_2$$

至此，四自由度機械臂的所有逆解均已求出，在計算過程中可以看出，關節 θ_1 的值有兩個。而在求 θ_4 時，根據反正弦角度的計算可得，角 θ_4 也是兩個解，且這兩個角度是互補的。因此，需要考慮在這幾組逆解中選擇合適的逆解作為實際需要。

3.1.2 六自由度機械臂

本節以上海大學機器人競賽自強隊開發的服務機器人的機械臂為例，來說明六自由度工業機械臂的控制技術[1]。如圖 3-4 所示家庭服務機器人，就是通過研究機器人活動來達到在家庭環境中為人類服務的目的，如識別主人、跟隨主人行走、自主導航、給主人端茶送水、陪主人聊天、清掃地面等。通過近幾年機器人應用情況來看，服務機器人實現準確、快速抓取物體對家庭服務來說起著舉足輕重的作用。

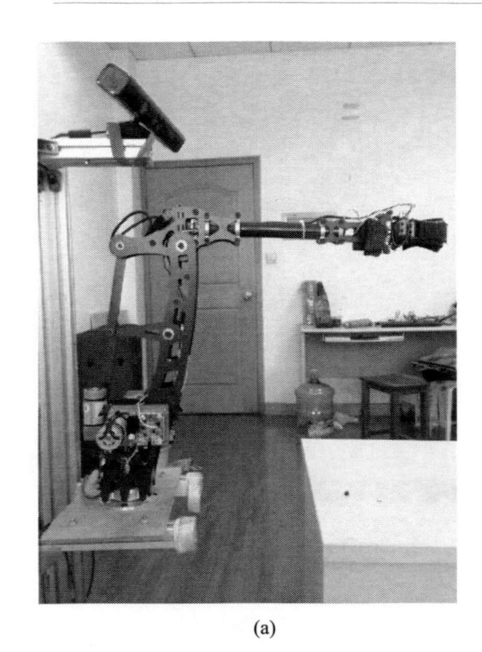
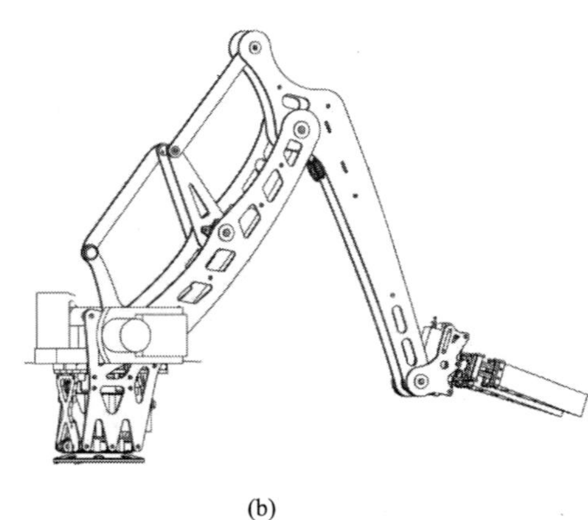

(a) (b)

圖 3-4 上海大學機器人競賽自強隊家庭服務機器人實物圖與模型圖

由於機械臂末端的 3 個自由度的轉軸共點，因此本節將機械臂模型簡化，即將末端 3 個自由度轉軸相交的一點作為機械臂的末端端點。通過下面的位姿描述唯一表示機械臂狀態[2]。

$$\text{Manipulators\_State}[P(x,y,z),O(o_x,o_y,o_z,\omega)] \tag{3-10}$$

式中 $P(x,y,z)$——機械臂末端座標系原點相對於基座座標系原點的位置；

$O(o_x,o_y,o_z,\omega)$——機械臂末端的座標系相對於基座座標系的姿態。

根據 D-H 建模法，為每個關節指定 x 軸和 z 軸。指定的座標系如圖 3-5 所示。

本節將根據已建立的座標系寫出 6 個關節變量的值，即六自由度機械臂 D-H 參照表。根據前面分析任意兩個關節四個變換。從 z_0-x_0 開始，x_0 經過一個旋轉運動到 x_1，沿 x_1 和 z_1 平移，再使 z_0 旋轉到 z_1 讓 x_0 與 x_1 軸平行。旋轉是按照右手定則旋轉，即將手指指向旋轉方向彎曲，大拇指的方向定為旋轉座標軸的方向。至此，z_0-x_0 就變換到了 z_1-x_1。

接著，以 z_1 為旋轉軸旋轉 θ_2，讓 x_1 與 x_2 重合，再沿 x_2 軸平移 a_2，使兩個座標系原點重合。本座標系不需繞 x 軸旋轉，因為前後兩個 z 軸默認是平行的。以此類推，可以算出所有的結果。

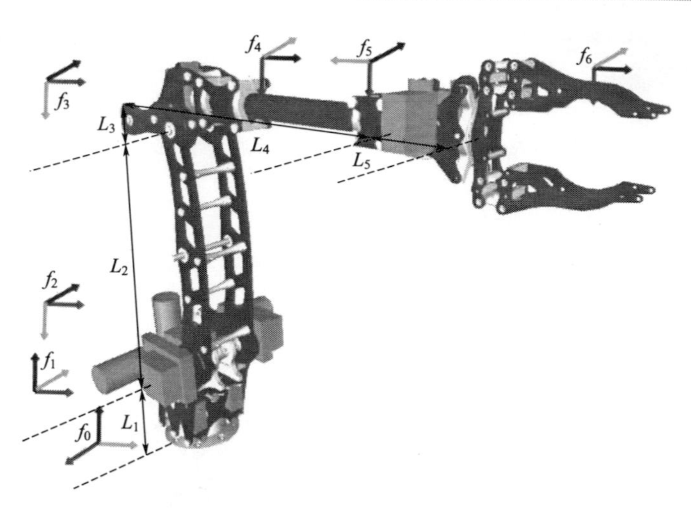

圖 3-5 六自由度機械臂示意圖

前面研究的方法是在二維平面考慮，機械臂是靜態的。但是，實際中機器人手臂是時刻運動著，連桿和關節一直在運動，與它們固連的座標系也是隨之運動。六自由度機械臂 D-H 參照表如表 3-1 所示。

表 3-1 六自由度機械臂 D-H 參照表

序號	θ_i	α_i	a_i	d_i
1	θ_1	90	0	0
2	θ_2	0	L_2	0
3	θ_3	0	L_4	0
4	θ_4	−90	L_5	0
5	θ_5	90	L_2	0
6	θ_6	0	0	0

d 表示滑動關節的關節變量，本文所研究機械臂的 6 個關節全為旋轉關節，故 d 為 0，θ 表示旋轉關節的關節變量，關節變量都是角度。

由表 3-1 中的參數，便可寫出每兩個相鄰關節之間的變換。例如，在座標系 0 和 1 之間的變換矩陣 $\mathbf{A}_1$ 可通過將 α ($\sin 0° = 0, \cos 0° = 1, \alpha = 90°$) 以及指定 C_1 為 θ_1 等代入 $\mathbf{A}$ 矩陣得到[3]，對其他關節的 $\mathbf{A}_2 \sim \mathbf{A}_4$ 矩陣也是這樣，最後得：

$$A_1=\begin{bmatrix}C_1 & 0 & S_1 & 0\\ S_1 & 0 & -C_1 & 0\\ 0 & 1 & 0 & 0\\ 0 & 0 & 0 & 1\end{bmatrix}\quad A_2=\begin{bmatrix}C_2 & -S_2 & 0 & C_2L_2\\ S_2 & C_2 & 0 & S_2L_2\\ 0 & 0 & 1 & 0\\ 0 & 0 & 0 & 1\end{bmatrix}$$

$$A_3=\begin{bmatrix}C_3 & -S_3 & 0 & C_3L_4\\ S_3 & C_3 & 0 & S_3L_4\\ 0 & 0 & 1 & 0\\ 0 & 0 & 0 & 1\end{bmatrix}\quad A_4=\begin{bmatrix}C_4 & 0 & -S_4 & C_4L_5\\ S_4 & 0 & C_4 & S_4L_5\\ 0 & -1 & 0 & 0\\ 0 & 0 & 0 & 1\end{bmatrix}$$

(3-11)

$$A_5=\begin{bmatrix}C_5 & 0 & S_5 & 0\\ S_5 & 0 & -C_5 & 0\\ 0 & 1 & 0 & 0\\ 0 & 0 & 0 & 1\end{bmatrix}\quad A_6=\begin{bmatrix}C_6 & -S_6 & 0 & 0\\ S_6 & C_6 & 0 & 0\\ 0 & 0 & 1 & 0\\ 0 & 0 & 0 & 1\end{bmatrix}$$

注意：為了書寫且閱讀方便，將用到下列三角函數關係式簡化：

$$S\theta_1C\theta_2+C\theta_1S\theta_2=S(\theta_1+\theta_2)=S_{12}$$
$$C\theta_1C\theta_2-S\theta_1S\theta_2=C(\theta_1+\theta_2)=C_{12} \quad (3\text{-}12)$$

從而，在機器人的基座到手臂末端之間的總變換可表示為：

$$^{R}T_H=A_1A_2A_3A_4A_5A_6=$$

$$\begin{bmatrix}C_1(C_{234}C_5C_6-S_{234}S_6)-S_1S_5C_6 & C_1(-C_{234}C_5C_6-S_{234}C_6)+S_1S_5S_6 & C_1(C_{234}S_5)+S_1C_5 & C_1(C_{234}L_5+C_{23}L_4+C_2L_2)\\ S_1(C_{234}C_5C_6-S_{234}S_6)+C_1S_5C_6 & S_1(-C_{234}C_5C_6-S_{234}C_6)-C_1S_5S_6 & S_1(C_{234}S_5)-C_1C_5 & S_1(C_{234}L_5+C_{23}L_4+C_2L_2)\\ S_{234}C_5C_6+C_{234}S_6 & -S_{234}C_5C_6+C_{234}C_6 & S_{234}S_5 & S_{234}L_5+S_{23}L_4+S_2L_2\\ 0 & 0 & 0 & 1\end{bmatrix}$$

(3-13)

式(3-13) 即為該六自由度機械臂的正運動學方程，已知各關節角度可以算出手臂可達到的位姿。

如前所述，已知機器人構型如連桿長度和關節角度，可以根據總變換方程求出機器人手的末端位姿，這是機器人正運動學分析。給出機器人的所有關節變量值，就能根據總變換方程算出機器人任意時候位姿。在實際工作中，往往希望機器手臂末端到達一個期望位置去執行某項動作，這時就得根據已知位姿，算出機器人各關節需要旋轉的角度，這就是機器人逆運動學。這裏不會將各關節變量代入總變換方程求出某一位姿，而是找到這些方程的逆，從而求得所需要的關節角度值。實際中，逆運動學比正運動學更重要，機器人控制器根據逆運動學解算出各關節值，以此讓手臂到達期望位置。

3.2 機械手

家庭服務機器人是需要滿足人員照顧、清潔、保全、娛樂和設施維護等服務功能的非工業用機器人。現在，機器人的研究大多旨在創造出機器人自治系統，它們通過感知外部環境，能夠自己做出相應的決定與外界環境進行適當的交互，這些機器人必須依賴一些相應的功能來完成特定的任務。在機器人的這些能力裏面，我們著重考慮機器人對物體的操縱能力（也即機器人的抓取能力）。因為，抓取在機器人的整個適應環境、執行任務過程中扮演了一個非常重要的角色。

機器人最常見的抓取任務是移動到靠近物體的位置，通過視覺得到目標物體的精確位姿，然後移動機器人手臂到目標位置，通過末端執行器（機械手爪）穩定而可靠地抓起目標物體，移動物體到另一個目標位置。機械手爪作為機器人手臂的末端執行器，是抓取等過程中必不可少的部分。在機器人系統中，機械手爪的設計和應用要考慮到機器人的應用場景和要達到的效果，以滿足人們的需求。在對機器人機械手爪的機構進行設計的過程中，要充分考慮以下幾點。

第一，手部機構要具有適當的夾緊力，不僅能夠對物品準確抓握，更要保證物品在被抓握的過程中保持完好，不被損壞。

第二，在兩手指之間應該具有充足的移動範圍，當兩手指在張開狀態下能夠滿足物品具有最大直徑值。

第三，手部機構要具有足夠的剛度和強度，以保證其使用的可靠性。

第四，能夠對不同的尺寸進行自適應調節，在抓取物品的過程中能夠自動完成對心。

第五，手部機構要靈活，結構緊湊，質量適中[4]。

常見的機械手有二指機械手、三指機械手和五指機械手，本節將分別加以介紹。

3.2.1 二指機械手

二指機械手，結構簡單、使用方便而且穩定性也不錯，見圖 3-6。末端執行器為二指機械手的服務機器人很適合簡單的物體抓取和開門等操作，不需要進行相對複雜的任務。隨著社會的發展，人們對所要抓取的物體的精度、可靠性和穩定性的要求也越來越高，機器人的末端執行機構也由原來的簡單的夾持器轉變為內嵌多種傳感器的、具有「感覺」以及靈敏性很高的機械手爪。中國內外對二指機械手爪的研究比較成熟，而且成果顯著。Willow Garage 公司的 PR2 機械手就採用二指機械手。手部有豐富的傳感設備，使其可以像人手一樣抓握東西，能夠自己開門，找到插頭並給自己充電，還能拖地和吸塵，打開冰箱取出啤酒，更能給人們端茶送水等[5]。

(a)

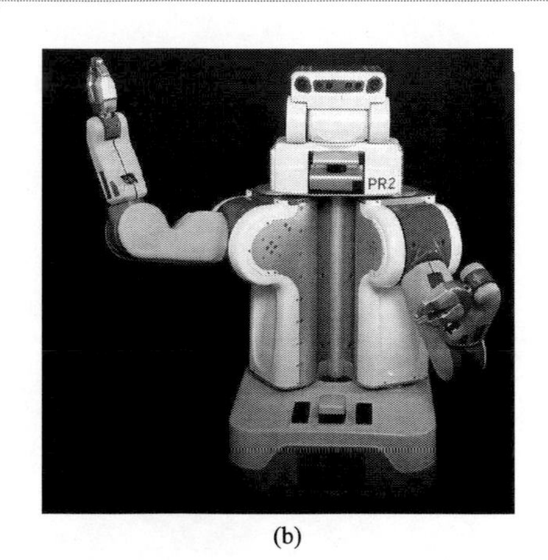

(b)

圖 3-6　二指機械手示意圖

機器人為了能夠在未知環境或者時刻變化的環境中進行穩定的抓取操作，就要具備感受作業環境的能力。在機器人抓取系統中，機器視覺為抓取操作系統提供目標物體的檢測及定位信息，同時，還能夠提供相應的信息促使機器人手臂進行避障操作。但機器人要想實現快速、準確的抓取操作，還要控制力度。這就要靠機械手上的觸覺傳感器了。

觸覺傳感器是感知被接觸物體的特徵以及傳感器接觸外界物體後的自身狀況，如感知是否握牢對象物體或者對象物體在傳感器的什麼位置。它在機器人抓取系統中發揮著不可替代的作用。二指機械手與物體的可接觸面積並不是很大，且由於手指的結構相對簡單，所以觸覺傳感器是二指機械手中最主要的傳感器。相對於精密操作，觸覺傳感器的精度並不是那麼高，但已能夠滿足基本需求。

常用的觸覺傳感器有接觸覺傳感器、力敏傳感器、滑覺傳感器等。

（1）接觸覺傳感器

最早的接觸覺傳感器為開關式傳感器，只有接觸（開）和不接觸（關）兩個信號，例如光電開關由發射器、接收器和檢測 3 部分組成，發射器對準目標發射光束，在光束被中斷時產生一個開關信號變化。後來又出現利用柔順指端結構和電流變流體的指端應變式觸覺傳感器、利用壓阻材料構成兩層列電極與行電極的壓阻陣列觸覺傳感器。圖 3-7 為接觸式觸覺傳感器。

（2）力敏傳感器

力敏傳感器是將各種力學量轉換為電信號的器件。力學量包括質量、力、力矩、壓力、應力等，常用的有依據彈性敏感元件與電阻應變片中電阻形變發生電阻值改變原理的電阻應變式傳感器；依據半導體應變片受力發生壓阻效應的壓阻式力敏傳感器，見圖 3-8；依據晶體受力後表面產生電荷壓電效應的壓電式傳感器；依據電容極板面積、間隙等參數改變來改變電容量的電容式壓力傳感器。

圖 3-7　接觸式觸覺傳感器

圖 3-8　壓阻式力敏傳感器

（3）滑覺傳感器

滑覺傳感器用於機器人感知手指與物體接觸面之間相對運動（滑動）的大小和方向，從而確定最佳大小的把握力，以保證既能握住物體不產生滑動，又不至於因用力過大而使物體發生變形或被損壞。滑覺檢測功能是實現機器人柔性抓握的必備條件，常用的有受迫振盪式（小探針與滑動物體接觸，使壓電晶體產生機械形變，讓閾值檢測器感應合成電壓脈衝，從而改變抓取力直到物體停止滑動）、斷續器（物體滑動使磁滾輪轉動，使永磁鐵在磁頭上方經過時產生一個脈衝改變抓取力）。圖 3-9 為電磁振盪式滑覺傳感器。

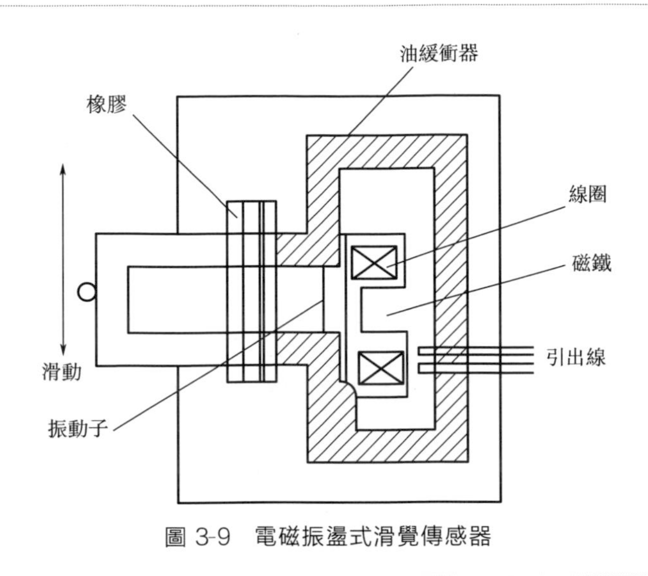

圖 3-9　電磁振盪式滑覺傳感器

3.2.2　三指機械手

人手大部分的抓取和操作過程主要是由拇指、食指、中指三根手指完成，無名指和小指主要起輔助作用。三指機械手根據人手的生理特性研製而成，具有一定的操作靈活性，能夠完成人手的主要操作。此外，除拇指外，人的每根手指（食指、中指、無名指、小指）都由三根指骨構成，分別為近指骨、中指骨和遠指骨，手指關節根據所允許的活動範圍可以做移動或旋轉運動。三指機械手的手指模仿人的手指設計，共有三個指節，用一些連桿機構或其他機構串聯起來構成手指。三指機械手的形態如圖 3-10 所示［圖 3-10(b) 是上海大學靈巧手團隊製作的三指機械手］。

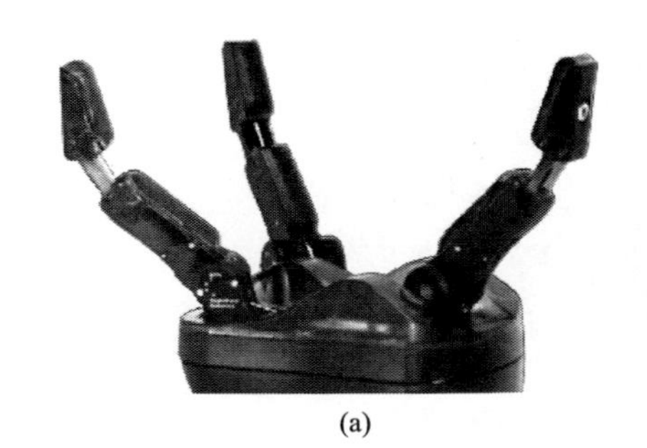

(a)

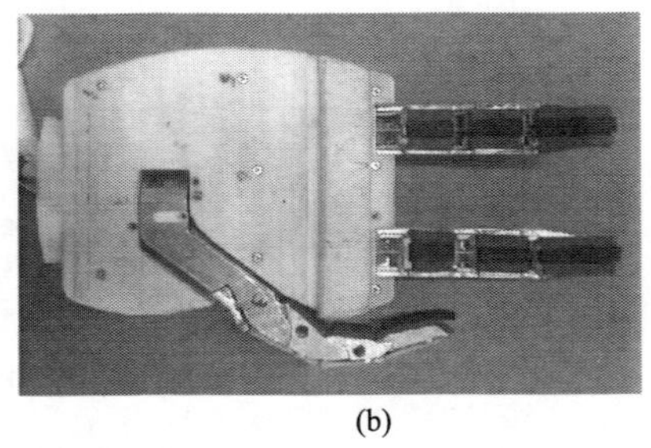

(b)

圖 3-10　三指機械手

傳動機構：傳動機構用來連接驅動部分與執行部分，將驅動部分的運動形式、運動及動力參數轉變為執行部分所需的運動形式、運動及動力參數。機械手手指的功能好壞與優劣很大程度上與傳動機構有關。以下介紹幾種典型的用於機械手的傳動機構。

（1）齒輪傳動

齒輪是能互相嚙合的有齒的機械零件，齒輪傳動是以齒輪的齒互相嚙合來傳遞動力的機械傳動。其圓周速度可達到 300km/s，傳遞功率可達 10^5kW，是現代機械中應用最廣的一種機械傳動。按其傳動方式可分為平面齒輪傳動和空間齒輪傳動[6]。齒輪傳動（見圖 3-11）具有傳遞動力大、效率高、壽命長、工作平穩、可靠性高、能保持恆定的傳動比等優點，但其製作、安裝精度要求較高，不宜做遠距離傳動。

(a) (b)

圖 3-11 齒輪傳動

（2）帶傳動

帶傳動是利用緊套在帶輪上的撓性環形帶與帶輪間的摩擦力來傳遞動力和運動的機械傳動，見圖 3-12。按工作原理可以分為摩擦型和嚙合型兩種。

圖 3-12 帶傳動

摩擦型帶傳送由主動輪、從動輪和張緊在兩輪上的環形傳送帶組成。帶在靜止時受預拉力的作用，在帶與帶輪接觸面間產生正壓力。當主動輪轉動時，靠帶與主、從動帶輪接觸面間的摩擦力，拖動從動輪轉動，實現傳動[7]。

嚙合型帶傳動靠帶齒與輪齒之間的嚙合實現傳動，相對於摩擦型帶傳動，其優點是無相對滑動，使圓周速度同步。

（3）鏈傳動

鏈傳動是由兩個具有特殊齒形的鏈輪和一條撓性的閉合鏈條所組成，依靠鏈和鏈輪輪齒的嚙合而傳動，見圖 3-13。其特點是可以在傳動大扭矩時避免打滑，但傳遞大於額定扭矩時，如果鏈條卡住可能損壞電機。鏈傳動主要用於傳動速比準確或者兩軸相距較遠的場合。

圖 3-13　鏈傳動

（4）連桿傳動

連桿傳動是利用連桿機構傳動動力的機械傳動方式。在所有的傳動方式中，連桿傳動功能最多，可以將旋轉運動轉化為直線運動、往返運動、指定軌跡運動，甚至還可以指定經過軌跡上某點時的速度。連桿傳動需要非常巧妙的設計，按照連架桿形式，可分為曲柄式和撥叉式兩種，見圖 3-14。

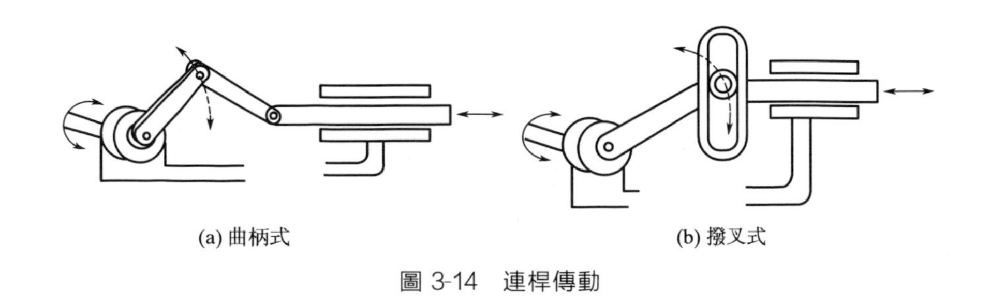

圖 3-14　連桿傳動

這些傳動裝置需要在手指的每一個關節處添加單獨的電機，並進行單獨的控制，這樣就導致了機械手的控制異常複雜，另外由於大量控制器件的使用，製造的成本也大大增加。因此，目前世界上機械手領域研究的一大熱點就是如何用簡便的控制來實現較多的自由度。欠驅動機構近年來已經迅速發展起來了，因為其可以實現用較少的驅動來控制較多的自由度，已經成為機器人末端執行器的研究熱點，採用欠驅動原理設計的機械手合理地解決了多自由度和控制複雜之間的難題。

3.2.3 五指機械手

隨著技術的發展，在以往機械手的基礎上，1999 年，美國宇航中心（NASA）研製出第一個五指機械手，其目的是為了在危險的太空環境中替代人進行艙外操作。之後，英國 Shadow 公司研製了一種五指機械手，它是目前世界上第一個完全模仿人手自由度設計的機械手，並且在設計過程首次引入了機械手外形美化設計的理念，使得機械手在大眾當中的認知度顯著提高。圖 3-15 和圖 3-16 是五指機械手示意圖，其中圖 3-16 是上海大學製作的五指機械手。

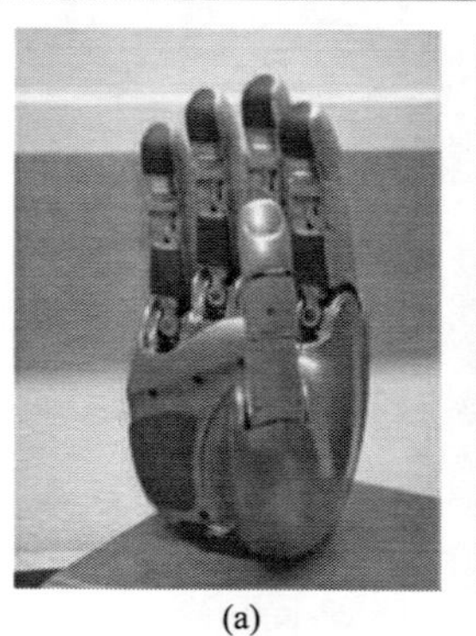

(a)

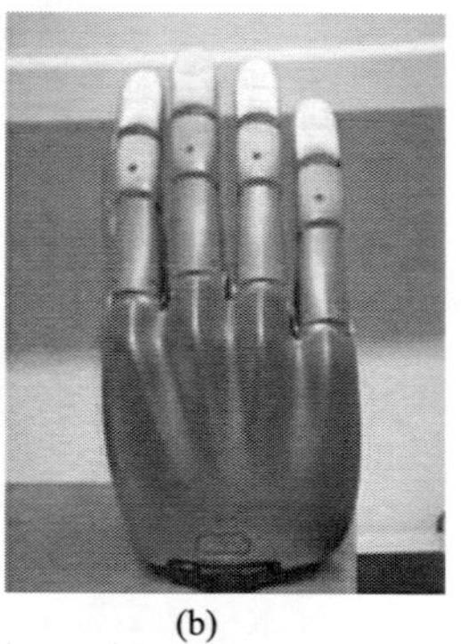

(b)

圖 3-15 五指機械手示意圖

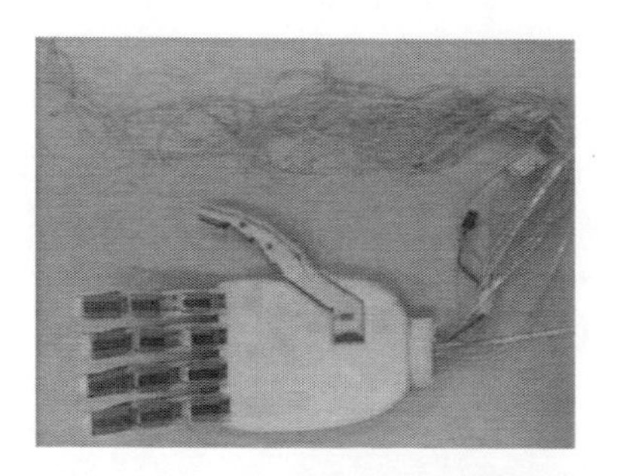

圖 3-16 上海大學製作的五指機械手

近年來，五指機械手採用模塊化設計，將機械、電氣、傳感等所有的部件都集成於手掌或手指內，實現了高度集成；並且利用多指手的靈巧特性和觸覺感知，實現了機器人對多種形狀物體的識別、抓取和自主操作，這使得服務機器人能更好地服務於人類。

3.3 其他執行單元

3.3.1 腕部

腕部用來連接操作機手臂和末端執行器，起支承手部和改變手部姿態的作用，見圖 3-17。對於一般的機器人來說，與手部相連的手腕都具有獨驅自轉的功能，若手腕能在空間任取方位，那麼與之相連的手部就可以在空間任取姿態，即達到完全靈活。

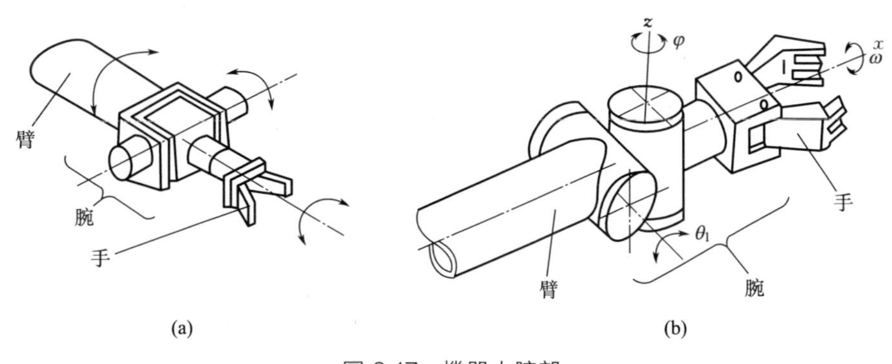

圖 3-17　機器人腕部

從驅動方式看，手腕一般有兩種形式，即遠程驅動和直接驅動。直接驅動是指驅動器安裝在手腕運動關節的附近，直接驅動關節運動，因而傳動路線短，傳動剛度好，但腕部的尺寸和質量大，慣量大。遠程驅動方式的驅動器安裝在機器人的大臂、基座或小臂遠端上，通過連桿、鏈條或其他傳動機構間接驅動腕部關節運動，因而手腕的結構緊湊，尺寸和質量小，對改善機器人的整體動態性能有好處，但傳動設計複雜，傳動剛度也降低了。

按轉動特點的不同，用於手腕關節的轉動又可細分為滾轉和彎轉兩種。滾轉是指組成關節的兩個零件自身的幾何回轉中心和相對運動的回轉軸線重合，因而能實現 360°無障礙旋轉的關節運動，通常用 R 來標記。彎轉是指兩個零件的幾何回轉中心和其相對轉動軸線垂直的關節運動。由於受到結構的限制，其相對轉動角度一般小於 360°。彎轉通常用 B 來標記。

3.3.2 其他機械手

其他機械手主要是四指機械手，它由 4 個結構相同的手指組成，分別模仿人手的拇指、食指、中指和無名指，每個手指具有 3 個指節。

2001 年，德國卡爾斯魯厄大學計算機係過程控制與機器人研究所（IPR）成功研製了 Karlsruhe Ⅱ 靈巧手，如圖 3-18 所示。該手有 4 個手指和 1 個手掌，每個手指有 3 個獨立的關節，4 個手指採用對稱的，呈 90°均布在手掌上。其手指裝有六維力矩傳感器，並在手掌上安裝了 3 個激光測距傳感器，傳感器的預處理電路和電機驅動電路置於手指內。Karlsruhe Ⅱ 靈巧手採用分級控制的思想，是多處理器控制系統的典型代表，採用 Siemens 嵌入式 16 位單片機 C167 作為底層控制器，用以處理底層的輸入輸出信號。其中 4 個 C167 負責控制 4 個手指，1 個 C167 控制目標狀態傳感器（激光測距傳感器），通過 CAN 總線與主處理器以 1Mbit/s 進行同步串行通信。主處理器採用並行計算模式，共有 6 個工業單板 PC（PC104 標準），4 個分別控制每個手指，1 個控制激光傳感器並計算目標位置，1 個用於協調整個控制系統。

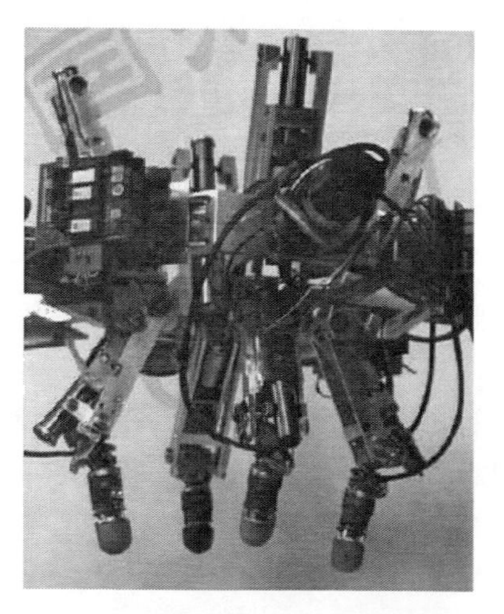

圖 3-18 電機驅動的 Karlsruhe Ⅱ 靈巧手

3.3.3 其他機械臂

冗餘自由度機器人是指含有自由度數（主動關節數）多於完成某一作業任務所需最少自由度數的一類機器人[8]。七自由度機械臂是一種典型的冗餘自由度機器人。在大多數工作環境下，非冗餘自由度機械臂能夠基本實現工作空間內的任務要求，但是無法避免工作空間存在的奇異位形以及躲避任務空間中存在的障礙。而冗餘度機械臂由於存在自運動性，從而可以避免工作空間中的奇異位形和避障的問題。另外，冗餘度機械臂的運動靈活性能夠防止運動超限以及改善動力學性能等。

科研人員歸納了冗餘度機械臂結構設計的 4 個標準。

① 有利於消除工作空間內部的奇異位形，這也是結構設計的先決條件。

② 最優化的工作空間，即增加的自由度能夠盡可能地解決避障問題。

③ 有利於簡化運動學計算。

④ 有利於簡化機構設計，即增加的關節必須對原來的機構設計的影響減到最小。

冗餘自由度機器人具有較高的研究及應用價值，也是未來智能化機器人的重要發展方向。

根據服務機器人在不同場合的應用，搭配不同的執行單元，本章綜合分析了機械臂與機械手，實際應用中需要根據情況特定製作。

參考文獻

[1] 項有元，陳萬米，鄒國柱. 基於 D-H 算法的自主機器人機械臂建模方法研究［J］. 工業控制計算機，2014，27(7)：113-115.

[2] 王燕，陳萬米，范彬彬，等. 基於空間代價地圖的機械臂無碰撞運動規劃[J]. 計算機工程與科學，2016，38(9)：1878-1886.

[3] 楊麗紅，秦緒祥，蔡錦達，等. 工業機器人定位精度標定技術的研究[J]. 控制工程，2013，20(4)：785-788.

[4] 李鐵明，林海. 機器人機械手爪的開發與研究[J]. 科技風，2015(8)：100-100.

[5] 楊先碧. 全能機器人[J]. 檢察風雲，2015(18)：94-95.

[6] 趙晨彤，郭越. 嚙合傳動在機械領域的常見形式分析[J]. 科技展望，2017，27(8)：53.

[7] 徐方孟. 洗碗機傳動系統設計與研究[J]. 現代商貿工業，2014(10)：190-191.

[8] 盧月品，張含陽. 破局七軸工業機器人發展[J]. 機器人產業，2016(2)：35-41.

第4章

服務機器人的驅動與控制

服務機器人的控制分為上層控制和底層控制，本章講述服務機器人的底層控制。電機是驅動機器人運動的主要執行部件，一個機器人最主要的控制量就是控制機器人移動，無論是自身的移動還是前章節提到的手臂等關節的移動。機器人底層控制最根本的問題就是控制電機。有效控制電機，就可以控制服務機器人移動的距離和方向、機械手臂的彎曲程度或者移動的距離等。

4.1 電機的選擇與分類

電機在工業控制中使用廣泛，如圖 4-1 所示為某型號直流電機。我們一般根據電機的分類來區別電機應用的場合。

電機通常按下述兩個方面進行分類[1]。

① 按工作電源種類，可分為直流電機和交流電機。

a. 直流電機按結構及工作原理可劃分為無刷直流電機和有刷直流電機。

b. 交流電機按相數可分為單相電機和三相電機。

② 按結構和工作原理，可分為直流電機、異步電機、同步電機。其中，異步電機和同步電機屬於三相交流電機。

a. 同步電機可劃分為永磁同步電機、磁阻同步電機和磁滯同步電機。

b. 異步電機可劃分為感應電機和交流換向器電機。

c. 感應電機可劃分為三相異步電機、單相異步電機和罩極異步電機等。

圖 4-1　某型號直流電機

在服務機器人的運動控制中經常會用到直流電機，後續的介紹我們也將基於直流電機展開。因此，有必要在這裏簡單介紹一下直流電機的工作原理。直流電機通常分為兩部分：定子和轉子。在直流有刷電機中，定子由主磁極、機座、電刷裝置等固定部件構成，轉子包括環形電樞鐵芯以及繞在鐵芯上的電樞繞組、換向器。圖 4-2 所示為兩極直流有刷電機，它的固定部分裝設了一對直流勵磁的靜止的主磁極 N 和 S，在旋轉部分上裝設電樞鐵芯。定子與轉子之間有一氣隙。在電樞鐵芯上放置了由 A 和 X 兩根導體連成的電樞線圈，線圈的首端和末端分別連到兩個圓弧形的銅片上，此銅片稱為換向片。換向片之間互相絕緣，由換向片構成的整體稱為換向器。換向器固定在轉軸上，換向片與轉軸之間亦互相絕緣。在換向片上放置著一對固定不動的電刷 B_1 和 B_2，當電樞旋轉時，電樞線圈通過換向片和電刷與外電路接通[1]。

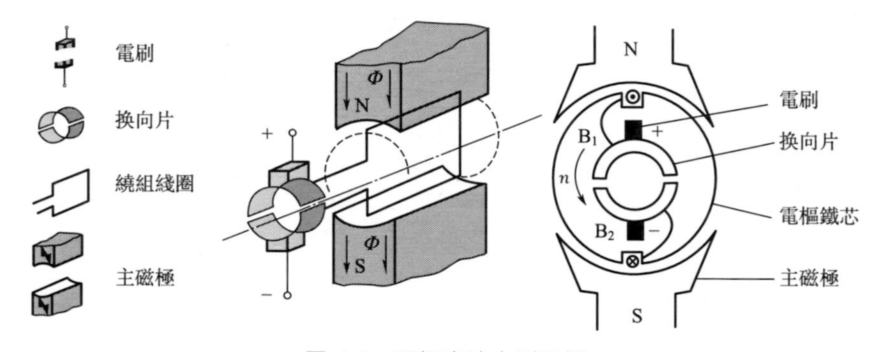

圖 4-2　兩極直流有刷電機

當給直流電機的電刷加上直流電後，繞在鐵芯上的電樞繞組線圈則有電流流過，根據電磁力定律，載流導體將會受到電磁力的作用，方向可由左手定則判定。兩段導體受到的力形成轉矩，於是轉子就會逆時針轉動。

與直流有刷電機不同的是，直流無刷電機沒有換向器（即電刷）。直流無刷電機的定子是由 2～8 對永磁體按照 N 極和 S 極交替排列在轉子周圍構成的，通過霍爾元件代替電刷，感知永磁體（轉子）磁極的位置，根據這種感知，使用電子線路，適時切換線圈中電流的方向，保證產生正確方向的磁力，以驅動電機[2]。

直流無刷電機可謂後起之秀，與傳統的有刷電機相比，具有效率高、能耗低、噪聲低、壽命長、可靠性高、相對低成本且簡單易用等優勢。

在實際的操作過程中，機器人常會面臨一些複雜的運動，這對電機的動力荷載有很大影響，因此，電機的選擇就變得尤為重要。首先要選出滿足給定負載要求的電機，然後再從中按價格、重量、體積等經濟和技術指標選擇最適合的電機[1]。

(1) 負載/電機慣量比

正確設定慣量比參數是充分發揮機械及伺服系統最佳效能的前提，此點在要求高速精度的系統上表現尤為突出。伺服系統參數的調整跟慣量比有很大的關係，若負載電機慣量比過大，伺服參數調整越趨於邊緣化，也越難調整，振動抑制能力也越差，所以控制易變得不穩定。在沒有自適應調整的情況下，伺服系統的默認參數在1～3倍負載電機慣量比下，系統會達到最佳工作狀態，這樣，就有了負載電機慣量比的問題，也就是我們一般所說的慣量匹配，如果電機慣量和負載慣量不匹配，就會在電機慣量和負載慣量之間動量傳遞時發生較大的衝擊。

$$T_M - T_L = (J_M + J_L)\alpha \tag{4-1}$$

式中　T_M——電機所產生的轉矩；

T_L——負載轉矩；

J_M——電機轉子的轉動慣量；

J_L——負載的總轉動慣量；

α——角加速度。

由式(4-1)可知，角加速度α影響系統的動態特性，α越小，則由控制器發出的指令到系統執行完畢的時間越長，系統響應速度就越慢；如果α變化，則系統響應就會忽快忽慢，影響機械系統的穩定性。由於電機選定後最大輸出力矩值不變，如果希望α的變化小，則J_M+J_L應該盡量小。J_M為伺服電機轉子的轉動慣量，伺服電機選定後，此值就為定值，而J_L則根據不同的機械系統類型可能是定值，也可能是變值。如果J_L是變值的機械系統，我們一般希望J_M+J_L變化量較小，所以我們就希望J_L在總的轉動慣量中占的比例就小些，這就是我們常說的慣量匹配。

通過以上分析可知：轉動慣量對伺服系統的精度、穩定性、動態響應都有影響。慣量越小，系統的動態性能反應越好；慣量大，系統的機械常數大，響應慢，會使系統的固有頻率下降，容易產生諧振，因而限制了伺服帶寬，影響伺服精度和響應速度，也越難控制。慣量的適當增大只有在改善低速爬行時有利，因此，在不影響系統剛度的條件下，應盡量減小慣量。機械系統的慣量需要和電機慣量相匹配才行，負載電機慣量比是一個系統穩定性的問題，與電機輸出轉矩無關，是電機轉子和負載之間衝擊、松動的問題。不同負載電機慣量比的電機可控性和系統動態特性如下。

① 一般情況下，當 $J_L \leqslant J_M$ 時，電機的可控性好，系統的動態特性好。

② 當 $J_M < J_L \leqslant 3J_M$ 時，電機的可控性會稍微降低，系統的動態特性較好。

③ 當 $J_L > 3J_M$ 時，電機的可控性會明顯下降，系統的動態特性一般。

不同的機械系統，對慣量匹配原則有不同的選擇，且有不同的作用表現，但大多要求負載慣量與電機慣量的比值小於 10。總之，慣量匹配需要根據具體機械系統的需求來確定。

(2) 轉速

電機選擇首先應依據機械系統的快速行程速度來計算，快速行程的電機轉速應嚴格控制在電機的額定轉速之內，並應在接近電機的額定轉速的範圍使用。伺服電機工作在最低轉速和最大轉速之間時為恆轉矩調速，工作在額定轉速和最大轉速之間時為恆功率調速。恆功率調速是指電機低速時輸出轉矩大，高速時輸出轉矩小，即輸出功率是恆定的；恆轉矩調速是指電機高速、低速時輸出轉矩一樣大，即高速時輸出功率大，低速時輸出功率小。

(3) 轉矩

伺服電機的額定轉矩必須滿足實際需要，但是不需要留有過多的餘量，因為一般情況下，其最大轉矩為額定轉矩的 3 倍。

需要注意的是，連續工作的負載轉矩小於或等於伺服電機的額定轉矩，機械系統所需要的最大轉矩小於伺服電機輸出的最大轉矩。

(4) 短時間特性（加減速轉矩）

除連續運轉區域外，還有短時間內的運轉特性（如電機加減速），用最大轉矩表示，即使容量相同，最大轉矩也會因各電機而有所不同。最大轉矩影響驅動電機的加減速時間常數，使用式（4-2）可以估算線性加減速時間常數 t_α。

$$t_\alpha = \frac{(J_L + J_M)n}{95.5 \times (0.8T_{max} - T_L)} \tag{4-2}$$

式中 n——電機設定速度，r/min；

J_L——電機軸換算負載慣量，$kg \cdot cm^2$；

J_M——電機慣量，$kg \cdot cm^2$；

T_{max}——電機最大轉矩，N・m；

T_L——電機軸換算負載轉矩，N・m。

(5) 連續特性（連續實效負載轉矩）[2]

對要求頻繁啓動、制動的工作場合，為避免電機過熱，必須檢查它在一個週期內電機轉矩的均方根值，並使它小於電機連續額定轉矩。在選擇的過程中依次計算這些要素來確定電機型號，如果其中一個條件不滿足，則應採取適當的措施，如變更電機系列或提高電機容量等。

4.2 電機的控制

4.2.1 直流電機的基本特性

如圖 4-3 所示，直流電機在一定的電壓下，轉速與轉矩成反比；如果改變電壓，則轉速轉矩線隨著電壓的升降而升降。當機器人上的負載一定時（即轉矩一定時），降低電壓，對應的轉速也跟著降低，這樣就可以實現電機的調速了。

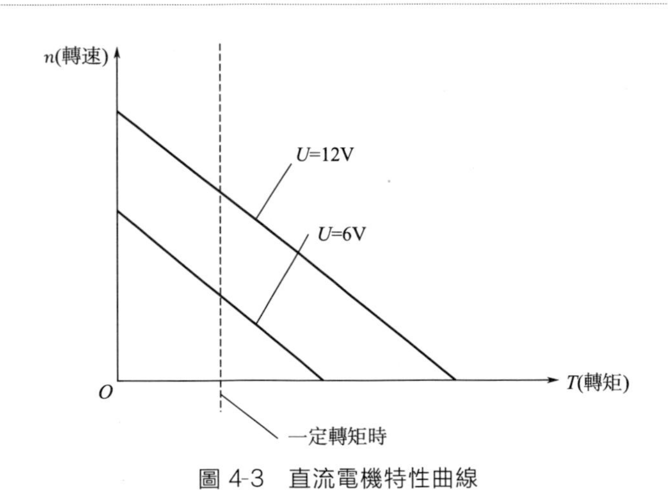

圖 4-3　直流電機特性曲線

4.2.2 轉速控制

在服務機器人的運動控制中，常採用改變電機兩端電壓大小的方式來改變電機的轉速[2]。簡單來講，就是採用不同的脈寬來調節平均電壓的高低，進而調節電機的轉速，如圖 4-4 所示，我們常把這種方式叫作脈衝寬度調制（簡稱脈寬調制，pulse width modulation，PWM）。

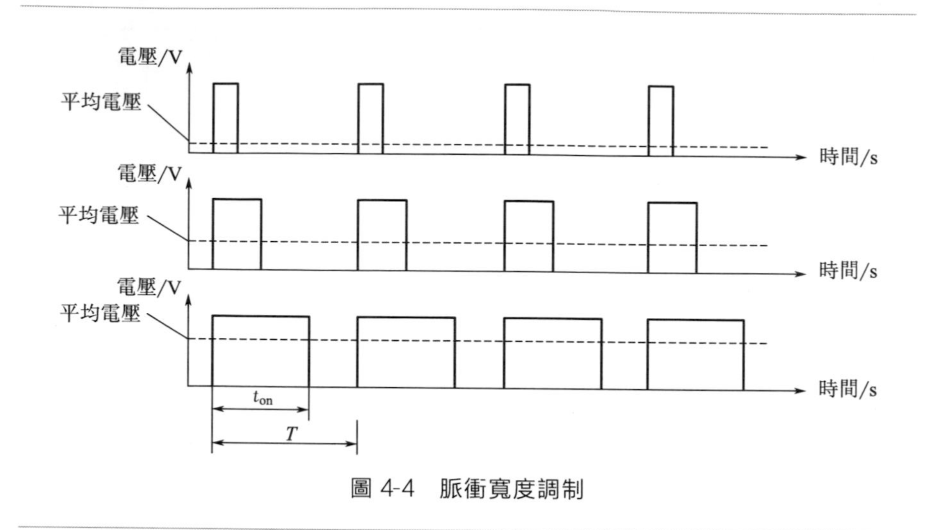

圖 4-4 脈衝寬度調制

脈衝寬度調制通過改變電機電樞電壓接通與斷開的時間的占空比來控制電壓的大小，它是一種對模擬信號電平進行數字編碼的方法。通過高分辨率計數器的使用，方波的占空比被調制用來對一個具體模擬信號的電平進行編碼[2]。PWM 信號仍然是數字的，因為在給定的任何時刻，滿幅值的直流供電要麼完全有（ON），要麼完全無（OFF）。電壓或電流源是以一種通（ON）或斷（OFF）的重複脈衝序列被加到模擬負載上去的。通的時候即直流供電被加到負載上的時候，斷的時候即供電被斷開的時候。只要帶寬足夠，任何模擬值都可以使用 PWM 進行編碼。

對於直流電機調速系統，使用 PWM 進行調速是極為方便的。其方法是通過改變電機電樞電壓導通時間與通電時間的比值（即占空比）來控制電機速度。PWM 驅動裝置是利用大功率晶體管的開關特性來調制固定電壓的直流電源，按一個固定的頻率來接通和斷開，並根據需要改變一個週期內「接通」與「斷開」時間的長短，通過改變直流伺服電機電樞上電壓的「占比空」來改變平均電壓的大小，從而控制電機的轉速。因此，這種裝置又稱為「開關驅動裝置」[3]。

PWM 控制的示意圖如圖 4-5 所示，可控開關 S 以一定的時間間隔重複地接通和斷開。當 S 接通時，供電電源 U_S 通過開關 S 施加到電機兩端，電源向電機提供能量，電機儲能；當開關 S 斷開時，中斷了供電電源 U_S 向電機電流繼續流通。

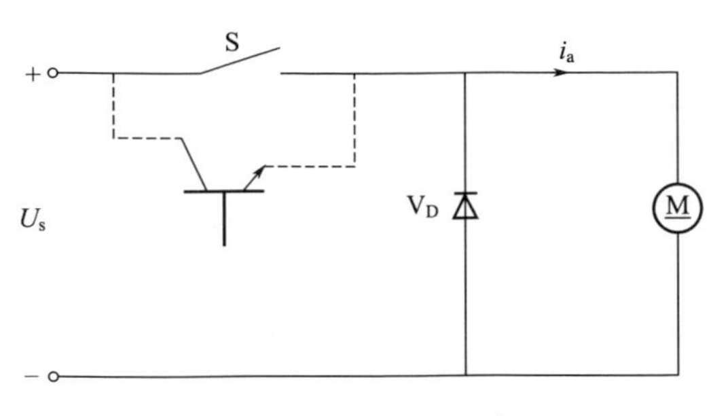

圖 4-5　PWM 控制示意圖

這樣，電機得到的電壓平均值 U_{as} 為：

$$U_{as}=t_{on}U_s/T=\alpha U_s \tag{4-3}$$

式中　t_{on}——開關每次接通的時間；

T——開關通斷的工作週期（即開關接通時間 t_{on} 和關斷時間 t_{off} 之和）；

α——占空比，$\alpha=t_{on}/T$。

由式(4-3) 可見，改變開關接通時間 t_{on} 和開關週期 T 的比例也即改變脈衝的占空比，電機兩端電壓的平均值隨之改變，因而電機轉速得到了控制。PWM 調速原理如圖 4-6 所示。

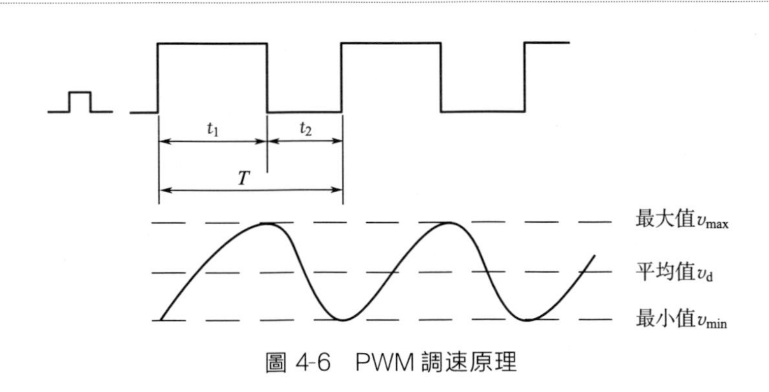

圖 4-6　PWM 調速原理

在脈衝作用下，當電機通電時，速度增加；電機斷電時，速度逐漸減少。只要按一定規律，改變通、斷電時間，即可讓電機轉速得到控制。設電機永遠接通電源時，其轉速最大為 v_{max}，則電機的平均速度為：

$$v_d=v_{max}\alpha \tag{4-4}$$

式中　v_d——電機的平均速度；

$v_{\max}$——電機全通時的速度（最大）；

α——占空比。

平均速度 v_d 與占空比 α 的特性曲線如圖 4-7 所示。

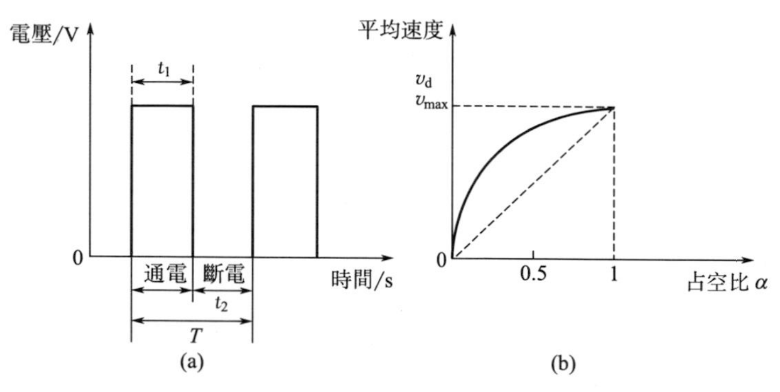

圖 4-7　平均速度和占空比的特性曲線

由圖 4-7 可以看出，v_d 與占空比 α 並不是呈完全線性關係（圖中實線），當系統允許時，可以將其近似地看成線性關係（圖中虛線），因此也就可以看成電機電樞電壓與占空比 α 成正比，改變占空比的大小即可控制電機的速度。

由以上敘述可知，電機的轉速與電機電樞電壓成比例，而電機電樞電壓與控制波形的占空比成正比，因此電機的速度與占空比成比例，占空比越大，電機轉得越快，當占空比 $\alpha=1$ 時，電機轉速最大。

4.2.3 轉向控制

在機器人的運動控制中，常採用驅動電路或外置電機驅動器來改變電機的轉向。下面分別來介紹這兩種方式。

(1) H 橋式驅動電路

驅動電路是主電路與控制電路之間的接口，直流電機驅動電路使用最廣泛的就是 H 型全橋式電路，如 L298N。這種驅動電路可以很方便地實現直流電機的四象限運行，分別對應正轉、正轉制動、反轉、反轉制動。如圖 4-8 所示為一個典型的 H 橋式直流電機控制電路。電路得名於「H 橋式驅動電路」是因為它的形狀酷似字母 H。4 個三極管組成 H 的 4 條垂直腿，而電機就是 H 中的橫槓。

要使電機運轉，必須導通對角線上的一對三極管。根據不同三極管的導通情況，電流可能會從左至右或從右至左流過電機，從而控制電機的轉向。

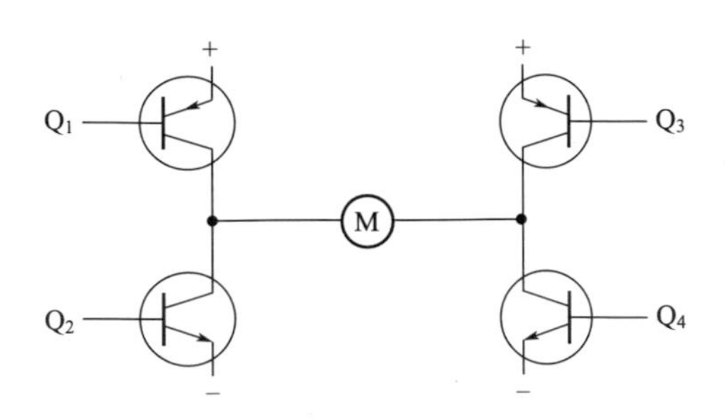

圖 4-8 H 橋式電機驅動電路

驅動電機時，保證 H 橋上兩個同側的三極管不會同時導通非常重要。如果三極管 Q_1 和 Q_2 同時導通，那麼電流就會從正極穿過兩個三極管直接回到負極。此時，電路中除了三極管外沒有其他任何負載，因此電路上的電流就可能達到最大值（該電流僅受電源性能限制），甚至燒壞三極管。

基於上述原因，在實際驅動電路中通常要用硬件電路方便地控制三極管的開關。圖 4-9 所示就是基於這種考慮的改進電路，它在基本 H 橋電路的基礎上增加了 4 個與門和 2 個非門。4 個與門同一個「使能」導通信號相接，這樣，用這一個信號就能控制整個電路的開關。而 2 個非門通過提供一種方向輸入，可以保證任何時候在 H 橋的同側腿上都只有一個三極管能導通。

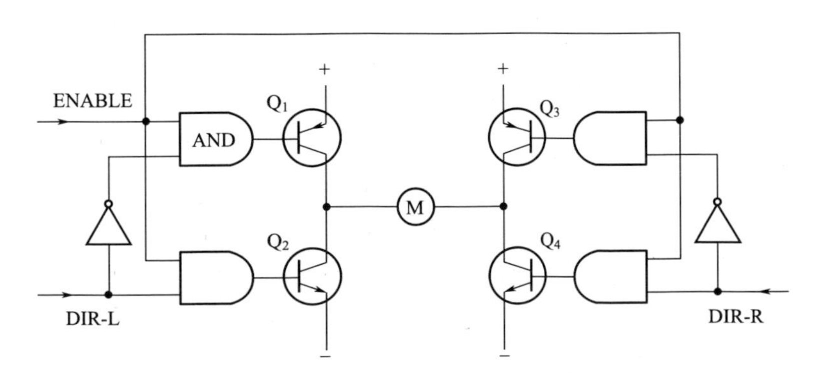

圖 4-9 具有使能控制和方向邏輯的 H 橋電路

採用以上方法，電機的運轉只需要用 3 個信號控制：兩個方向信號和一個使能信號。如圖 4-10 所示，如果 DIR-L 信號為 0，DIR-R 信號為 1，並且使能信號是 1，那麼三極管 Q_1 和 Q_4 導通，電流從左至右流經電機；如果 DIR-L 信號變為 1，而 DIR-R 信號變為 0，那麼 Q_2 和 Q_3 將導通，電流則反向流過電機。

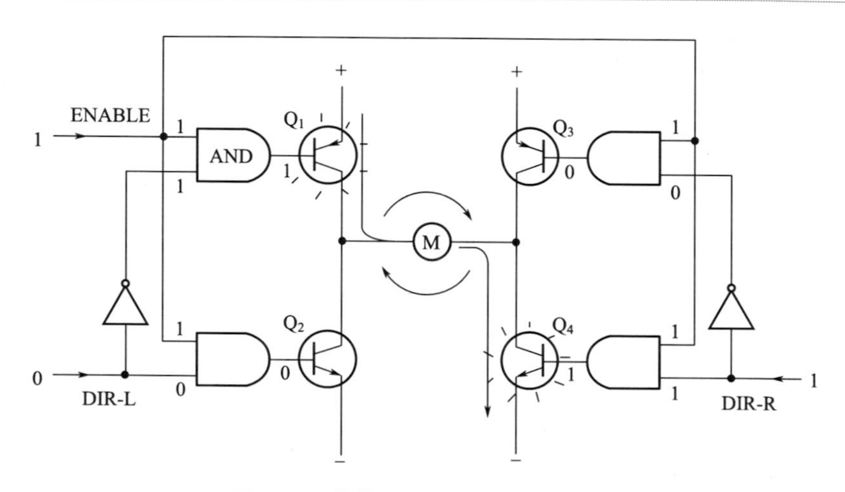

圖 4-10 使能信號與方向信號的使用

實際使用的時候，用分立件製作 H 橋式比較麻煩，現在市面上有很多封裝好的 H 橋集成電路，接上電源、電機和控制信號就可以使用，在額定的電壓和電流內使用非常方便可靠。比如常用的 L293D、L298N、TA7257P、SN754410 等。

(2) 電機驅動器

① 直流伺服電機驅動器。直流伺服電機驅動器多採用脈寬調制（PWM）伺服驅動器，通過改變脈衝寬度來改變加在電機電樞兩端的平均電壓，從而改變電機的轉速。直流伺服電機驅動器如圖 4-11 所示。

PWM 伺服驅動器具有調速範圍寬、低速特性好、響應快、效率高、過載能力強等特點，在工業機器人中常作為直流伺服電動機驅動器。

② 同步式交流伺服電機驅動器。同直流伺服電機驅動系統相比，同步式交流伺服電機驅動器具有轉矩轉動慣量比高、無電刷及換向火花等優點，在工業機器人中得到廣泛應用。交流伺服電機驅動器如圖 4-12 所示。

圖 4-11　直流伺服電機驅動器

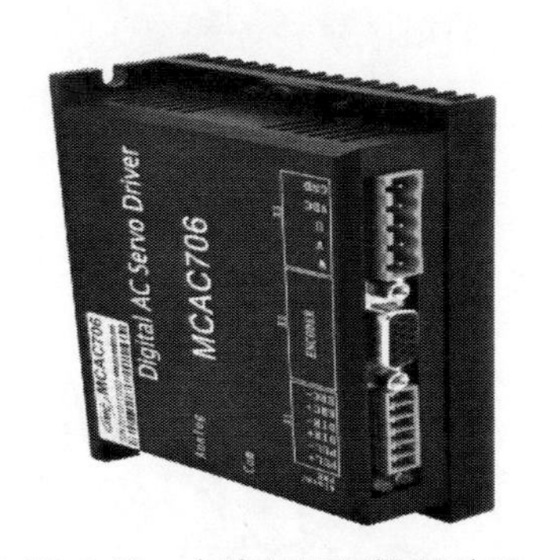

圖 4-12　交流伺服電機驅動器

同步式交流伺服電機驅動器通常採用電流型脈寬調制（PWM）三相逆變器和具有電流環為內環、速度環為外環的多閉環控制系統，以實現對三相永磁同步伺服電動機的電流控制。根據其工作原理、驅動電流波形和控制方式的不同，它又可分為兩種伺服系統。

a. 矩形波電流驅動的永磁交流伺服系統。

b. 正弦波電流驅動的永磁交流伺服系統。

採用矩形波電流驅動的永磁交流伺服電機稱為無刷直流伺服電機，採用正弦波電流驅動的永磁交流伺服電機稱為無刷交流伺服電機。

一般情況下，交流伺服驅動器可通過對其內部功能參數進行人工設定而實現以下功能。

a. 位置控制方式。

b. 速度控制方式。

c. 轉矩控制方式。

d. 位置、速度混合方式。

e. 位置、轉矩混合方式。

f. 速度、轉矩混合方式。

g. 轉矩限制。

h. 位置偏差過大報警。

i. 速度 PID 參數設置。

j. 速度及加速度前饋參數設置。

③ 步進電機驅動器。步進電機是將電脈衝信號變換為相應的角位移或直線位移的元件，它的角位移和線位移量與脈衝數成正比，轉速或線速度與脈衝頻率成正比。在負載能力的範圍內，這些關係不因電源電壓、負載大小、環境條件的波動而變化，誤差不長期積累。步進電機驅動器可以在較寬的範圍內，通過改變脈衝頻率來調速，實現快速啓動、正反轉制動。作為一種開環數字控制系統，步進電機驅動器在小型機器人中得到較廣泛的應用。但由於其存在過載能力差、調速範圍相對較小、低速運動有脈動、不平衡等缺點，一般只應用於小型或簡易型機器人中。步進電機驅動器如圖 4-13 所示。

圖 4-13 步進電機驅動器

4.2.4 電機控制實例

智能小車（如圖 4-14 所示）可以按照預先設定的模式在一個環境裏自動地運作，不需要人為管理，可應用於科學勘探、搬運、救災等活動中，是以後的發展方向。智能小車能夠實時顯示時間、速度、里程，具有自動尋跡、尋光、避障，可程控行駛速度、準確定位停車，遠程傳輸圖像等功能。

本節介紹 PWM（脈衝寬度調制）驅動智能小車的過程。PWM 控制通常配合橋式驅動電路實現直流電機調速，非常簡單，且調速範圍大，它的原理就是直流斬波原理。下面先介紹一下 H 橋驅動電路的驅動過程。

在該智能小車系統中，主要採用的就是 H 橋驅動電路，即採用 L298N 驅動電路來實現電機轉向的控制。L298N 的工作原理和以上介紹的 H 橋相同，圖 4-15 為 L298N 的外部引腳圖。

圖 4-14　智能小車　　圖 4-15　L298N 外部引腳

L298N 驅動電機示意圖如圖 4-16 所示。

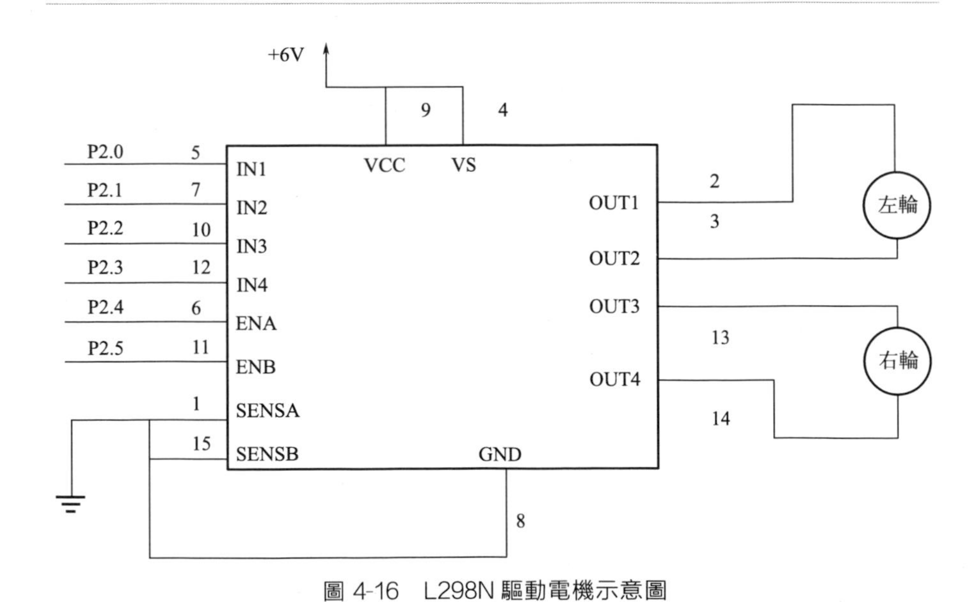

圖 4-16　L298N 驅動電機示意圖

在驅動電路中，主要利用單片機 P2.4 和 P2.5 端口輸出 PWM 波形控制電機轉速。P2.0～P2.3 輸出狀態值控制電機轉向。電機的轉速與電機兩端的電壓成比例，而電機兩端的電壓與控制波形的占空比成正比，因此電機的速度與占空比成比例。占空比越大，電機轉得越快，當占空比 $\alpha=1$ 時，電機轉速最大。PWM 控制波形可以通過模擬電路或數字電路實現，例如用 555 搭成的觸發電路，但是，這種電路的占空比不能自動調節，不能用於自動控制小車的調速。而目前使用的大多數單片機都可以直接輸出這種 PWM 波形，或通過時序模擬輸出，最適合小車的調速。以凌陽公司的 SPCE061 單片機為例，它是 16 位單片機，頻率最高達到 49MHz，可提供 2 路 PWM 直接輸出，頻率可調，占空比 16 級可調，控制電機的調速範圍大，使用方便。SPCE061 單片機有 32 個 I/O 口，內部設有 2 個獨立的計數器，完全可以模擬任意頻率、占空比隨意調節的 PWM 信號輸出，用以控制電機調速。在實際製作過程中，控制信號的頻率不需要太高，一般在 400Hz 以下為宜，占空比 16 級調節也完全可以滿足調速要求，並且在小車行進的過程中，占空比不應該太高，在直線前進和轉彎的時候應該區別對待。若車速太快，則在轉彎的時候，方向不易控制；而車速太慢，則很浪費時間，這時可以根據具體情況慢慢調節。

4.3 服務機器人的控制

我們從前述內容中瞭解到，有效控制電機是實現對服務機器人底層控制最關鍵的一步。那麼如何實現對電機的精確控制則是本節需要探討的問題。通常來說，無論在工業應用還是在家庭領域中，控制電機最有效、最核心的方法就是採用高效的控制算法，以下介紹幾種常用的電機控制算法。

4.3.1 經典 PID 控制

PID 控制器由於結構簡單、使用方便、魯棒性強等優點，在工業控制中得到了廣泛的應用，但由於傳統 PID 控制器的結構還不完美，普遍存在積分飽和，過渡時間與超調量之間矛盾大等缺點，所以改進傳統 PID 控制器也就成了人們研究的熱點。本節主要介紹 PID 控制器的基本原理、基本結構，PID 控制器參數對控制性能的影響和控制規律的選擇。

（1）PID 控制器的基本結構和基本原理

PID 控制是一種基於偏差「過去、現在、未來」信息估計的有效而簡單的控制算法[3]。常規 PID 控制系統原理如圖 4-17 所示。

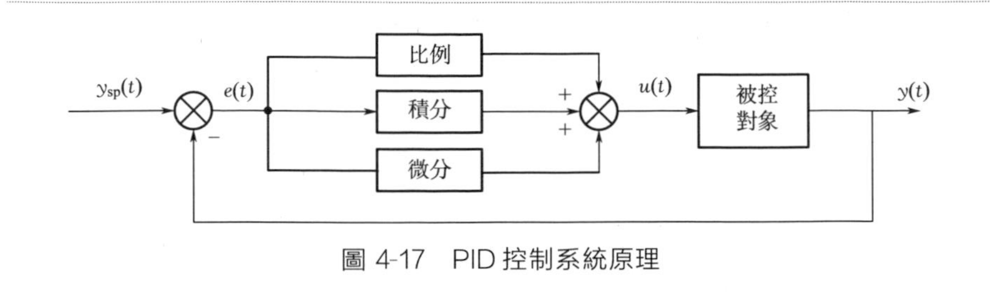

圖 4-17 PID 控制系統原理

整個系統主要由 PID 控制器和被控對象組成。作為一種線性控制器，PID 控制器根據給定值 $y_{sp}(t)$ 和實際輸出值 $y(t)$ 構成偏差，即：

$$e(t)=y_{sp}(t)-y(t) \tag{4-5}$$

然後對偏差按比例、積分和微分通過線性組合構成控制量，對被控對象進行控制，由圖 4-17 得到 PID 控制器的理想算法：

$$u(t)=K_p\left[e(t)+\frac{1}{T_i}\int_0^t e(t)\mathrm{d}t+T_d\frac{\mathrm{d}e(t)}{\mathrm{d}t}\right] \tag{4-6}$$

或者寫成傳遞函數的形式：

$$U(s)=K_p\left(1+\frac{1}{T_i s}+T_d s\right)E(s) \tag{4-7}$$

式中 K_p, T_i, T_d——PID 控制器的比例增益、積分時間常數和微分時間常數。

式(4-6) 和式(4-7) 是我們在各種文獻中最常看到的 PID 控制器的兩種表達形式。各種控製作用（即比例作用、積分作用和微分作用）的實現在表達式中表述得很清楚，相應的控制器參數包括比例增益 K_p、積分時間常數 T_i 和微分時間常數 T_d。這 3 個參數的取值優劣影響到 PID 控制系統的控制效果好壞，以下將介紹這 3 個參數對控制性能的影響。

(2) PID 控制器參數對控制性能的影響

① 比例作用對控制性能的影響。比例作用的引入是為了及時成比例地反映控制系統的偏差信號 $e(t)$，系統偏差一旦產生，調節器立即產生與其成比例的控製作用，以減小偏差[3]。比例控制反應快，但在某些系統中，可能存在穩態誤差。加大比例係數 K_p，系統的穩態誤差減小，但穩定性可能變差。從圖 4-18 可以看出，隨著比例係數 K_p 的增大，穩態誤差減小；同時，動態性能變差，振盪比較嚴重，超調量增大。

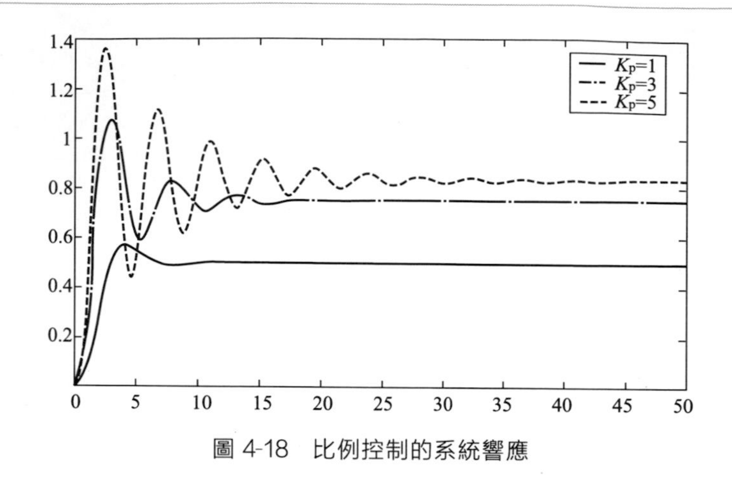

圖 4-18　比例控制的系統響應

② 積分作用對控制性能的影響。積分作用的引入是為了使系統消除穩態誤差，提高系統的無差度，以保證實現對設定值的無靜差跟蹤[3]。假設系統已經處於閉環穩定狀態，此時的系統輸出和誤差量保持為常值 U_0 和 E_0。則由式(4-6) 可知，當且僅當動態誤差 $e(t)=0$ 時，控制器的輸出才為常數。因此，從原理上看，只要控制系統存在動態誤差，積分調節就產生作用，直至無差，積分作用就停止，此時積分調節輸出為一常值。積分作用的強弱取決於積分時間常數 T_i 的大小，T_i 越小，積分作用越強；反之，則積分作用越弱。積分作用的引入會使系統穩定性下降，動態響應變慢。從圖 4-19 可以看出，隨著積分時間常數 T_i 減小，靜差減小；但是過小的 T_i 會加劇系統振盪，甚至使系統失去穩定。實際應用中，積分作用常與另外兩種調節規律相結合，組成 PI 控制器或者 PID 控制器。

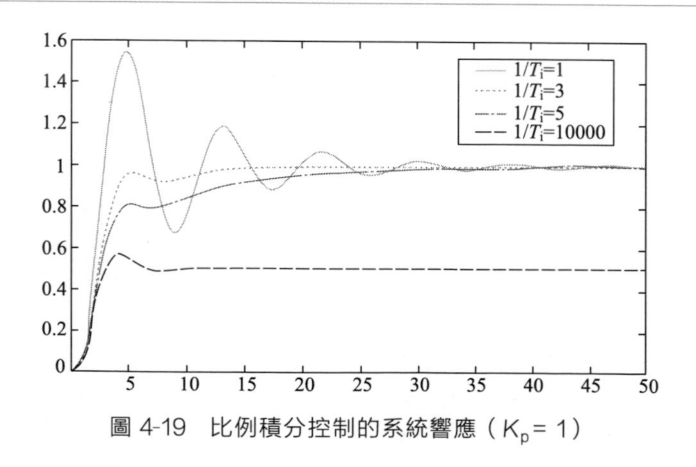

圖 4-19　比例積分控制的系統響應（K_p= 1）

③ 微分作用對控制性能的影響。微分作用的引入，主要是為了改善控制系統的響應速度和穩定性。微分作用能反映系統偏差的變化律，預見偏差變化的趨勢，因此能產生超前的控製作用[3]。直觀而言，微分作用能在偏差還沒有形成之前，就已經消除偏差。因此，微分作用可以改善系統的動態性能。微分作用的強弱取決於微分時間 T_d 的大小，T_d 越大，微分作用越強，反之則越弱。在微分作用合適的情況下，系統的超調量和調節時間可以被有效地減小。從濾波器的角度看，微分作用相當於一個高通濾波器，因此它對噪聲干擾有放大作用，而這是我們在設計控制系統時不希望看到的。所以我們不能一味地增加微分調節，否則會對控制系統抗干擾產生不利的影響。此外，微分作用反映的是變化率，當偏差沒有變化時，微分作用的輸出為零。從圖 4-20 可以看出，隨著微分時間常數 T_d 增加，超調量減小。

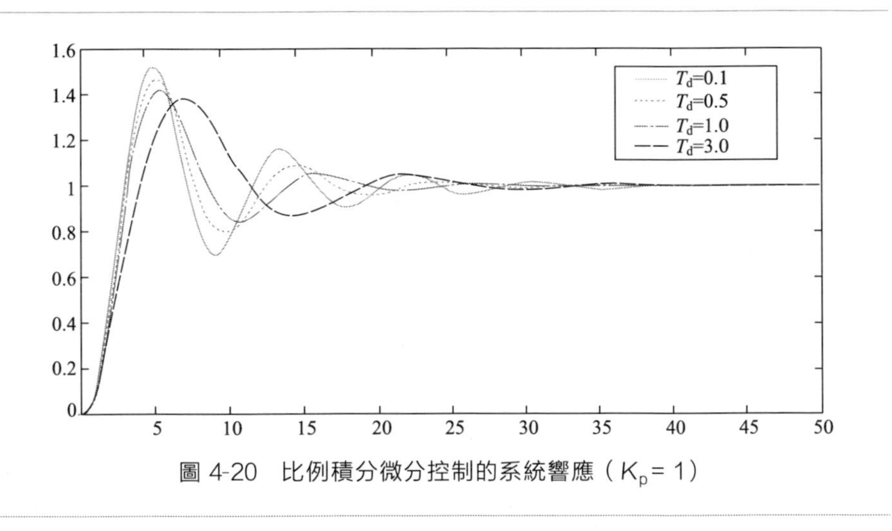

圖 4-20 比例積分微分控制的系統響應（K_p= 1）

(3) 控制規律的選擇

PID 控制器參數整定的目的就是按照給定的控制系統，求得控制系統質量最佳的調節性能。PID 參數的整定直接影響到控制效果，合適的 PID 參數整定可以提高自控投用率，增加裝置操作的平穩性。對於不同的對象，閉環系統控制性能的不同要求，通常需要選擇不同的控制方法、控制器結構等。大致上，系統控制規律的選擇主要有下面幾種情況。

① 對於一階慣性的對象，如果負荷變化不大、工藝要求不高，可採用比例控制。

② 對於一階慣性加純滯後對象，如果負荷變化不大，控制要求精度較高，可採用比例積分控制。

③ 對於純滯後時間較大，負荷變化也較大，控制性能要求較高的場合，可採用比例積分微分控制。

④ 對於高階慣性環節加純滯後對象，負荷變化較大，控制性能要求較高時，應採用串級控制、前饋-反饋、前饋-串級或純滯後補償控制。

4.3.2 智能 PID 整定概述

PID 控制具有結構簡單、穩定性好、可靠性高等優點，尤其適用於可建立精確數學模型的確定性控制系統。在控制理論和技術飛速發展的今天，工業過程控制領域仍有近 90%的迴路在應用 PID 控制策略。PID 控制中一個關鍵的問題便是 PID 參數的整定。但是在實際應用中，許多被控過程機理複雜，具有高度非線性、時變不確定性和純滯後等優點。在噪聲、負載擾動等因素的影響下，過程參數甚至模型結構均會隨時間和工作環境的變化而變化。這就要求在 PID 控制中，不僅 PID 參數的整定不依賴於對象數學模型，並且 PID 參數能夠在線調整，以滿足實時控制的要求。智能控制（intelligent control）是一門新興的理論和技術，它是傳統控制發展的高級階段，主要用來解決那些傳統方法難以解決的控制對象參數在大範圍變化的問題。智能控制是解決 PID 參數在線調整問題的有效途徑[4]。

近年來，智能控制無論是理論上還是應用技術上均得到了長足的發展，將智能控制方法和常規 PID 控制方法融合在一起的新方法也不斷涌現，形成了許多形式的智能 PID 控制器。它吸收了智能控制與常規 PID 控制兩者的優點。首先，它具備自學習、自適應、自組織的能力，能夠自動辨識被控過程參數、自動整定控制參數，能夠適應被控參數的變化。其次，它又具備常規 PID 控制器結構簡單、魯棒性強、可靠性高、為現場工程設計人員所熟悉等特點。本節介紹幾種常見的智能 PID 控制器的參數整定和構成方式，包括繼電反饋、模糊 PID、神經網絡 PID、參數自整定和專家 PID 控制及基於遺傳算法的 PID 控制。

（1）基於模糊 PID 控制（Fuzzy-PID）的參數自整定

「模糊性」主要是指事物差異的中間過渡中的「不分明性」。所謂模糊控制，就是將工藝操作人員的經驗加以總結，運用語言變量和模糊邏輯的歸納制算法的控制[3]。模糊集理論是由美國控制理論專家查德教授於 1965 年首次提出來的。1974 年英國馬丹尼首先把 Fuzzy 集理論用於鍋爐和蒸汽機的控制。1974 年以來，中國科學工作者對模糊理論的研究及其應用也做了大量的工作，並取得了可喜的成果。在工業上，有許多複雜對象，特別是對無法建立精確數學模型的工業對象的控制，用常規儀表控制效果不佳時，採用模糊控制可獲得滿意的效果。隨著日趨複雜的生產過程，必須有一種能夠模擬人腦的思維和創造能力的控制系統，以適應複雜而多變的環境。近期，人們分析研究了簡單模糊控制存在的一些缺陷，設計出了幾種高性能的模糊控制系統，包括：控制規則可調的模糊控制；具有積分作用的模糊控制；參數自調整的模糊控制；複合型模糊控制；自學習模糊控制。

PID 參數模糊自整定控制系統能在控制過程中對不確定的條件、參數、延遲和干擾等因素進行檢測分析，採用模糊推理的方法實現 PID 參數、工藝的在線自整定。它不僅能保持常規 PID 控制系統的原理簡單、使用方便、魯棒性較強等特點，而且具有更大的靈活性、適應性、精確性等特性。典型的模糊自整定 PID 控制系統的結構如圖 4-21 所示，系統包括一個常規 PID 控制器和一個模糊控制器。根據給定值和實際輸出值，計算出偏差 e 和偏差的變化率 ec 作為模糊系統的輸入，3 個 PID 參數的變化值作為輸出，根據事先確定好模糊控制規則作出模糊推理，在線改變 PID 參數的值，從而實現 PID 參數的自整定，使得被控對象有良好的動、靜態性能，而且計算量小，易於用單片機實現。

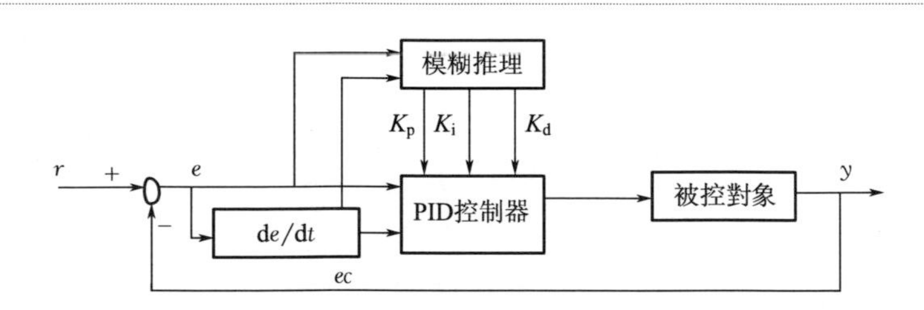

圖 4-21 PID 參數模糊自整定控制器結構

(2) 基於神經網絡 PID (neural-network PID) 的參數整定

所謂神經網絡，是以一種簡單計算處理單元（即神經元）為節點，採用某種網絡拓撲結構構成的活性網絡，可以用來描述幾乎任意的非線性系統。神經網絡還具有學習能力、記憶能力、計算能力以及各種智能處理能力，在不同程度和層次上模仿人腦神經系統的信息處理、存儲和檢索功能。神經網絡在控制系統中的應用提高了整個信息系統的處理能力和適應能力，提高了系統的智能水平。由於神經網絡已具有逼近任意連續有界非線性函數的能力，對於長期困擾控制界的非線性系統和不確定性系統來說，神經網絡無疑是一種解決問題的有效途徑[4]。採用神經網絡方法設計的控制系統具有更快的速度（實時性）、更強的適應能力和更強的魯棒性。

正因為如此，近年來在控制理論的所有分支都能夠看到神經網絡的引入及應用，當然，對於傳統的 PID 控制也不例外，以各種方式應用於 PID 控制的新算法大量涌現，其中有一些取得了明顯的效果。傳統的控制系統設計是在系統數學模型已知的基礎上進行的，因此，它設計的控制系統與數學模型的準確性有很大的關係。神經網絡用於控制系統設計則不同，它可以不需要被控對象的數學模型，只需對神經網絡進行在線或離線訓練，然後利用訓練結果進行控制系統的設計。神經網絡用於控制系統設計有多種類型、多種方式，既有完全脫離傳統設計的方法，也有與傳統設計手段相結合的方式。基於神經網絡的自適應 PID 控制系統如圖 4-22 所示。

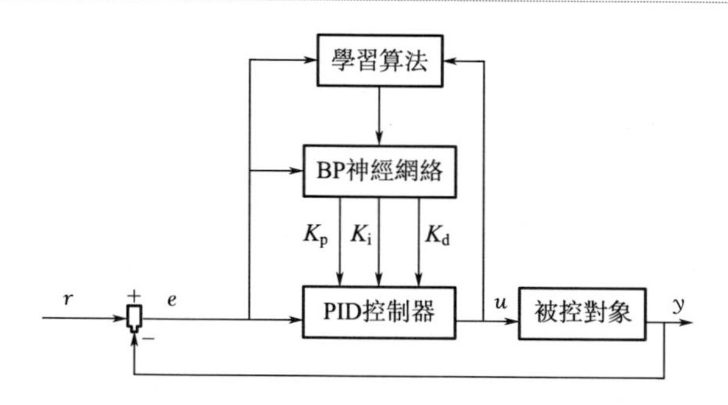

圖 4-22　基於神經網絡的自適應 PID 控制系統

PID 控制要取得好的控制效果，就必須通過調整好比例、積分和微分 3 種控製作用在形成控制量中相互配合又相互制約的關係，這種關係不一定是簡單的「線性組合」，而是從變化無窮的非線性組合中找出最佳的關係。BP 神經網絡具有逼近任意非線性函數的能力，而且結構和學習算法簡單明確。通過網絡自身的學習，可以找到某一最優控制規律下的 P、I、D 參數。基於 BP（back propagation）神經網絡的 PID 控制系統控制器由兩部分組成：a. 經典的 PID 控制器，指直接對被控對象進行閉環控制，並且 3 個參數在線調整的方式。b. BP 神經網絡，指根據系統的運行狀態，調節 PID 控制器的參數，以達到某種性能指標的最優化，即使輸出層神經元的輸出狀態對應於 PID 控制器的 3 個可調參數，通過神經網絡的自身學習、加權係數調整，從而使其穩定狀態對應於某種最優控制規律下的 PID 的控制器參數。

(3) 基於神經網絡的模糊 PID 控制

將模糊控制具有的較強的邏輯推理功能、神經網絡的自適應、自學習功能以及傳統 PID 的優點融為一體，構成基於神經網絡的模糊 PID 系統。它包括 4 個部分：a. 傳統 PID 控制部分，即直接對控制對象形成閉環控制；b. 模糊量化模塊，即對系統的狀態向量進行歸檔模糊量化和歸一化處理；c. 辨識網絡 NNM，用於建立被控系統中的辨識模型；d. 控制網絡 NNC，指根據系統的狀態，調節 PID 控制的參數，以達到某種性能指標最優。具體實現方法是使神經元的輸出狀態對應 PID 控制器的被調參數，通過自身權係數的調整，使其穩定狀態對應某種最優控制規律下的 PID 控制參數。這種控制器對模型、環境具有較好的適應能力以及較強的魯棒性，但是由於系統組成比較複雜，存在運算量大、收斂慢、成本較高的缺點。

基於神經網絡的模糊 PID 控制系統如圖 4-23 所示。

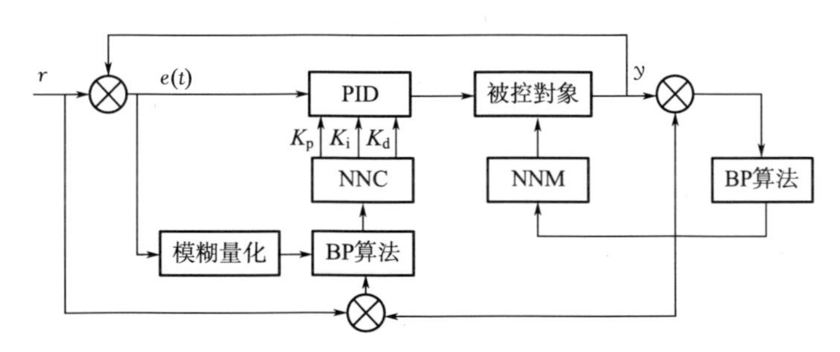

圖 4-23 基於神經網絡的模糊 PID 控制系統

(4) 專家 PID 控制

基於專家系統的自適應 PID 控制系統如圖 4-24 所示。它由參考模型、可調系統和專家系統組成。從原理上看，它是一種模型參考自適應控制系統。其中，參考模型由模型控制器和參考模型被控對象組成；可調系統由數字式 PID 控制器和實際被控對象組成。控制器的 PID 參數可以任意加以調整，當被控對象因環境原因而特性有所改變時，在原有控制器參數作用下，可調系統輸出 $y(t)$ 的響應波形將偏離理想的動態特性。這時，利用專家系統以一定的規律調整控制器的 PID 參數，使 $y(t)$ 的動態特性恢復到理想狀態。專家系統由知識庫和推理機制兩部分組成，它首先檢測參考模型和可調系統輸出波形特徵參數差值，即廣義誤差 e。PID 自整定的目標就是調整控制器 PID 參數矢量 θ，使 θ 值逐步趨近於 θ_m（即 e 值趨近於 0）。

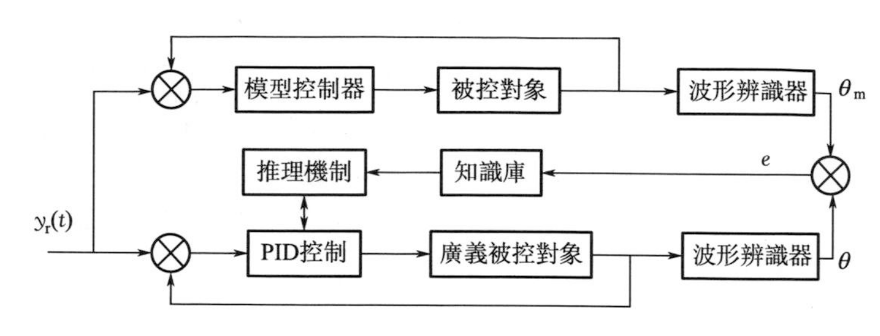

圖 4-24　基於專家系統的自適應 PID 控制系統

該系統由於採用閉環輸出波形的模式識別方法來辨別被控對象的動態特性，不必加持續的激勵信號，因而對系統造成的干擾小。另外，採用參考模型自適應原理，使得自整定過程可以根據參考模型輸出波形特徵值的差值來調整 PID 參數，這個過程物理概念清楚，並且避免了被控對象動態特性計算錯誤而帶來的偏差。

(5) 基於遺傳算法的 PID 控制 (genetic algorithm PID)

遺傳算法 (genetic algorithm) 是一種基於自然選擇和基因遺傳原理的迭代自適應概率性搜索算法。基本思想就是將待求解問題轉換成由個體組成的演化群體和對該群體進行操作的一組遺傳算子，包括 3 個基本操作：選擇 (selection)、交叉 (crossover)、變異 (mutation)。遺傳算法的基本流程如圖 4-25 所示。

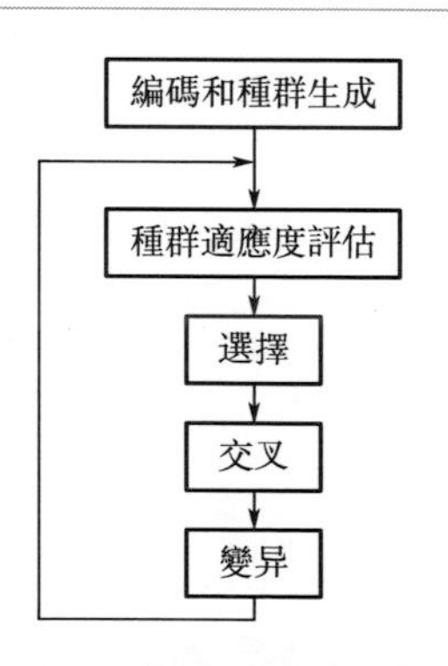

圖 4-25　遺傳算法的基本流程

基於遺傳算法的 PID 控制具有以下特點。

① 把時域指標同頻域指標做了緊密結合，魯棒性和時域性能都得到良好保證。

② 採用了新型自適應遺傳算法，收斂速度和全局優化能力大大提高。

③ 具有較強的直觀性和適應性。

④ 較為科學地解決了確定參數搜索空間的問題，克服了人為主觀設定的盲目性。基於遺傳算法的 PID 控制系統原理如圖 4-26 所示，圖中省略了遺傳算法的具體操作過程。其思想就是將控制器參數構成基因型，將性能指標構成相應的適應度，便可利用遺傳算法來整定控制器的最佳參數，並且對系統是否為連續可微的、能否以顯式表示不做要求[3]。

當遺傳算法用於 PID 控制參數尋優時，其操作流程主要包括以下內容。

① 參數編碼、種群初始化。

② 適應度函數的確定。

③ 通過複製、交叉、變異等算子更新種群。

④ 結束進化過程。

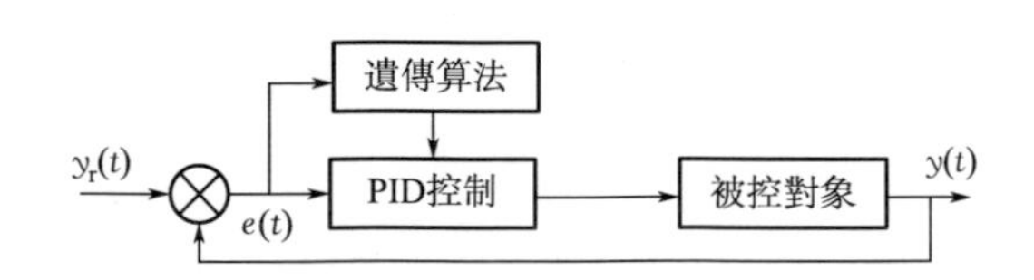

圖 4-26　基於遺傳算法的 PID 控制系統原理

本章介紹了電機的基本原理和選型原則、電機的驅動方式、PID 控制器對控制性能的影響、智能 PID 的整定方法。經過前面的講解，相信大家對機器人的底層控制有了初步的認識。機器人底層控制的好壞直接影響到整個系統的控制性能，其重要性不言而喻。

參考文獻

[1] 高鐘．機電控制工程．第 2 版．北京：電子工業出版社，2001.

[2] 柳洪義，宋偉剛．機器人技術基礎．北京：冶金工業出版社，2002.

[3] 王偉，張晶濤，柴天佑.PID 參數先進整定方法綜述[J]. 自動化學報，2000，26(3): 347-356.

[4] 李人厚．智能控制理論和方法[M]. 西安：西安電子科技大學出版社，1999.

第5章

服務機器人的運動分析

服務機器人若想更好地為人類服務，運動系統是基礎。本章主要講解服務機器人的運動學。現在中國內外的服務機器人很多都採用全向移動的運動模式，和傳統的差動運動相比，它可以朝任何方向做直線運動，而之前不需要做旋轉運動，並且這種輪係可以滿足一邊做直線運動一邊旋轉的要求，達到最終狀態所需要的任意姿態角。運動學可分為正向運動學和逆向運動學。正向運動學即給定服務機器人各關節變量，計算服務機器人末端的位置姿態；逆向運動學即已知服務機器人末端的位置姿態，計算服務機器人對應位置的全部關節變量。

要實現服務機器人的控制，必先掌握服務機器人的運動學模型，包括服務機器人運動的空間描述與座標變換，服務機器人的運動模型，服務機器人的位置運動、動力學分析等。本章首先從理論上來描述服務機器人的運動，再結合具體服務機器人的實例來進行運動學分析。

5.1 服務機器人的位置運動學

在輪式服務機器人（或稱自主移動服務機器人）的運動過程或機械臂運動過程中，需要準確地描述出服務機器人所處的環境中各個實體的幾何關係，這些關係可以通過座標系或者框架之間的變換來實現[1]。

5.1.1 位置方位描述

矢量 $\boldsymbol{P}_{\mathrm{A}}$ 表示箭頭指向點的位置矢量，其中右上角標「$\boldsymbol{P}_{\mathrm{A}}$」表示該點是用 $\{P_{\mathrm{A}}\}$ 描述。

$$\boldsymbol{P}_{\mathrm{A}}=\begin{bmatrix} p_x \\ p_y \\ p_z \end{bmatrix} \tag{5-1}$$

服務機器人的位置表示如圖 5-1 所示。

自主移動服務機器人在運動過程中為了獲得自己的位置，應對其自身的位置進行估計，也就是要確定在全局座標系中服務機器人的位置和方向。X_wY_w 座標系是服務機器人所在世界的座標系（也就是全局座標系），X_rY_r 座標系是服務機器人移動時底盤的座標系，X_sY_s 座標系是服務機器人傳感器所使用的座標系。服務機器人的位置可用全局座標系中的座標 (x,y) 表示，這裏僅僅考慮了二維平面的座標，未考慮空間豎直座標的變化，服務機器人方向可用服務機器人偏離全局座標系 Y_w

軸方向的夾角 θ 來表示。θ 的方向定義為：設 Y_w 軸為 0°，逆時針方向為正，順時針方向為負，且夾角的範圍為 $[-\pi,\pi]$。

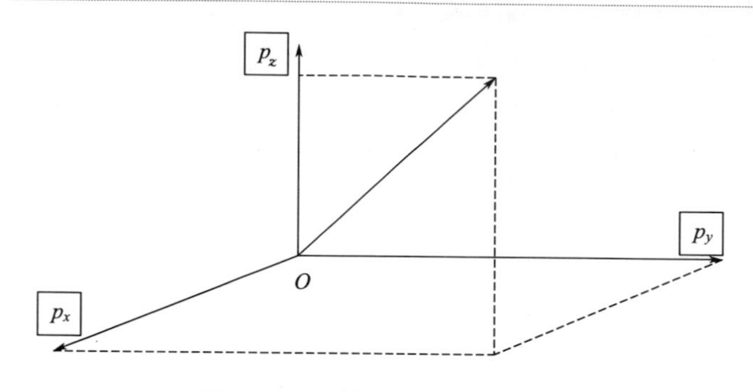

圖 5-1　服務機器人的位置表示

假定服務機器人所在的室內環境是平整的，此時服務機器人的位姿可以表示為一個三維狀態向量 $X_k=(x_k,y_k,\theta_k)$。x_k，y_k 表示服務機器人的位置，θ_k 表示服務機器人的方向，如圖 5-2 所示。

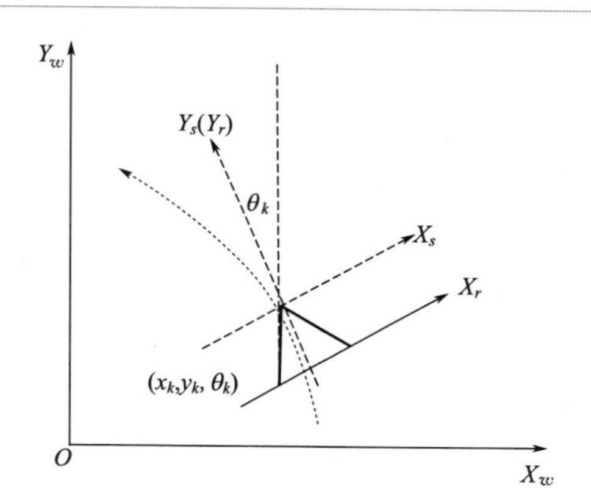

圖 5-2　自主移動服務機器人座標位置

5.1.2　位置信息與傳感器

自主移動服務機器人用內部傳感器對本身運動進行感知，這種類型的傳感器有：激光、陀螺儀、慣導、加速度計、速度計、里程計等。其中，激光測量距離信息；陀螺儀檢測角速度；慣導和加速度計檢測加速度信息；速度計檢測速度（但是相當多的情況下是由位移做差分來估計的）；里程計測量距離。內部傳感器對服務機器人的位姿進行預測估計，通常用於跟蹤服務機器人的運動軌跡。由於里程計具有採樣速率高、價格便宜、小區間距離內能夠保證精確的定位精度等優勢，本書以里程計和激光作為服務機器人的內部傳感器。

(1) 服務機器人運動控制模型

在自主移動服務機器人定位中，里程計是相對定位的傳感器，根據驅動輪電機上的光電編碼器的檢測開關數來計算輪子在一定時間內轉過的弧度，可計算出服務機器人位姿的變化。由於兩輪（主動輪）式自主移動服務機器人的結構簡單明晰，且應用較為廣泛，這裏以兩輪式自主移動服務機器人作為研究對象，其他如三輪和四輪服務機器人可以通過矢量分解的方式等價為兩輪式自主移動服務機器人。

如圖 5-3 所示，設兩輪式自主移動服務機器人的車輪半徑為 r，光電碼盤為 n 線/轉，在 Δt 時間裏光電碼盤輸出 N 個脈衝，則服務機器人車輪走過的距離 Δd（弧度）為：

$$\Delta d=2\pi r(N/n) \tag{5-2}$$

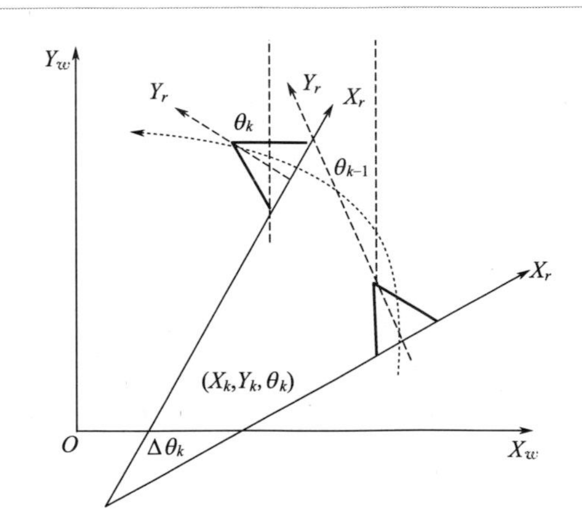

圖 5-3　兩輪式自主移動服務機器人運動控制模型

服務機器人兩輪之間的距離為 b，假定檢測出服務機器人左右輪的移動距離分別為 Δdl 和 Δdr，服務機器人從位姿 $X_{k-1}=(x_{k-1},y_{k-1},\theta_{k-1})$ 移動到 $X_k=(x_k,y_k,\theta_k)$，則服務機器人的移動距離為 $\Delta d_k=(\Delta dl+\Delta dr)/2$，服務機器人轉過的角度為 $\Delta\theta_k=(\Delta dl-\Delta dr)/b$。用 $u(k)=(\Delta d_k,\Delta\theta_k)$ 作為里程計的控制輸入參數，那麼服務機器人的運動半徑可表示為：

$$R_t=\frac{\Delta d_k}{\Delta\theta_k} \tag{5-3}$$

則自主移動服務機器人的里程計運動模型可以表示為：

$$X(k)=f(X(k-1),u(k))+w(k) \tag{5-4}$$

式中　$w(k)$——零均值高斯白噪聲。

高斯白噪聲（White Gaussian Noise）中的高斯是指概率分布是正態函數，而白噪聲是指它的二階矩不相關，一階矩為常數，是指先後信號在時間上的相關性。高斯白噪聲是分析信道加性噪聲的理想模型，通信中的主要噪聲源——熱噪聲就屬於這類噪聲。

（2）服務機器人傳感器的觀測模型

自主移動服務機器人利用對環境的感知信息，進行地圖構建和自主導航。而服務機器人對外界環境信息的感知需要用到測距傳感器，地圖創建和導航的精確度會受到測距傳感器性能好壞的影響。常用的測距傳感器有 3 種：立體視覺傳感器、聲吶傳感器和激光測距儀。本書重點介紹最常見的激光測距儀的觀測模型。

激光測距儀屬於主動式傳感器，它是通過二極管向被檢測目標發射激光，經目標反射後的激光向各個方向散射，激光測距儀接收器會接收一部分返回散射光，通過激光測距儀發射光與接收到的返回光的時間間隔 t 來計算物體與激光測距儀之間的距離：

$$r=\frac{ct}{2} \tag{5-5}$$

式中　c——光的速度。

相比於聲吶傳感器，激光測距儀的測量速度快，測量精度高，散射角比較小。而且由於光波的反射性可測得可靠的數據，激光測距儀測得的數據能直接表示真實距離。但是相比於攝像機而言，大部分激光測距儀價格較為昂貴，而且其檢測到目標的信息只能是二維信息，相比於視覺傳感器提供的豐富目標信息而言過於簡單。另外，激光對物體表面的透射率和反射率較為敏感，很難感知某些透明的物體。由於激光測距儀具有測量精度高、測量速度快以及對室內環境光線和噪聲不敏感等優點，利用激光測距儀創建的環境地圖具有很高的精確度和魯棒性。對周圍環境的距離測量是自主移動服務機器人對環境進行描述的最基本手段，觀測量 z 是測距傳感器相對於某個環境特徵的距離和方向，在笛卡兒座標系和極座標系中分別表示為：$z=(x,y)^{\mathrm{T}}$ 和 $z=(\rho,\theta)^{\mathrm{T}}$，如圖 5-4 所示。

觀測模型是傳感器觀測量與自主移動服務機器人位置之間的相互關係的函數，觀測方程為：

$$z(k)=h(X(k))+v(k) \tag{5-6}$$

式中　$z(k)$——k 時刻觀測量；

$h(X(k))$——觀測系統的數學函數；

$v(k)$——觀測噪聲，通常指測量中的干擾噪聲和模型本身的誤差[2]。

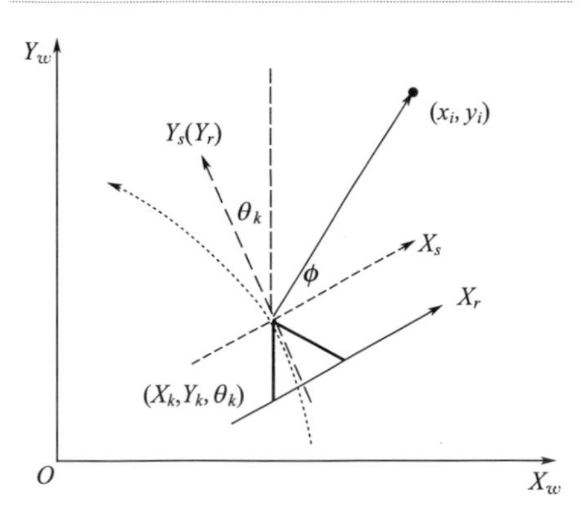

圖 5-4 傳感器觀測模型

通常 3 種觀測方程用於自主移動服務機器人的研究中。

① 以相對於環境特徵的距離和方向作為觀測量的觀測方程。

對測距傳感器來說，通常用環境路標特徵相對於傳感器的距離 $\rho(k)$ 和方向 $\varphi(k)$ 來表示觀測量。假定當前的傳感器位置為 $X_s(k)=(x_s, y_s, \theta_s)^T$，服務機器人位置為 $X(k)=(x_k, y_k, \theta_s)^T$，某個環境路標特徵的位置為 $X_i=(x_i, y_i)^T$，則當前服務機器人的系統的觀測模型為：

$$z(k)=\begin{pmatrix}\rho(k)\\ \varphi(k)\end{pmatrix}=\begin{pmatrix}\sqrt{(x_i-x_s(k))^2+(y_i-y_s(k))^2}\\ \arctan\dfrac{y_i-y_s(k)}{x_i-x_s(k)}-\theta_s(k)\end{pmatrix}+v(k) \quad (5\text{-}7)$$

② 以環境特徵的局部座標作為觀測量的觀測方程。

對於測距傳感器而言，觀測信息通常是用極座標表示，但可以通過座標變換實現從極座標到笛卡兒座標的變換。假設當前服務機器人的位置為 $X(k)$，某個環境特徵在全局座標系中的位置為 $X_i=(x_i, y_i)^T$，在服務機器人座標系中觀測量的座標 $X_l=(x_l, y_l)$，那麼系統的觀測模型在服務機器人座標系中表示為：

$$z(k)=\begin{pmatrix}x_l(k)\\ y_l(k)\end{pmatrix}=\begin{pmatrix}(y_i-y(k))\sin(\theta(k))+(x_i-x(k))\cos(\theta(k))\\ (y_i-y(k))\cos(\theta(k))+(x_i-x(k))\sin(\theta(k))\end{pmatrix}+v(k) \quad (5\text{-}8)$$

③ 以環境特徵的全局座標作為觀測量的觀測方程。

對於測距傳感器而言，用極座標來表示觀測信息，座標變換將其變換成笛卡兒座標。如果當前服務機器人的位置為 $X(k)$，在服務機器人座標系中某個環境特徵的座標為 $X_l=(x_l, y_l)$，在全局座標系中觀測量座標 $X_w(k)=(x_w, y_w)$，則在全局系統中的觀測模型為：

$$z(k)=\begin{pmatrix}x_w\\y_w\end{pmatrix}=\begin{pmatrix}x(k)+x_l\cos(\theta(k))-y_l\sin(\theta(k))\\y(k)+x_l\sin(\theta(k))-y_l\cos(\theta(k))\end{pmatrix}+v(k) \tag{5-9}$$

在自主移動服務機器人 SLAM 算法中會用到環境特徵的模型，在通常情況下，假定環境的特徵是靜止不動的，將其特徵建模為點，將其在全局座標系中的位置表示為 $x_i=(x_i,y_i)^{\mathrm{T}}$，其中 $i=1, 2, \cdots, m$；式中，m 為環境特徵的數量。環境特徵的模型可表示為：

$$\begin{pmatrix}x_i(k+1)\\x_i(k+1)\end{pmatrix}=\begin{pmatrix}x_i(k)\\y_i(k)\end{pmatrix} \tag{5-10}$$

5.1.3 座標變換

座標變換是空間實體的位置描述，是從一種座標系統變換到另一種座標系統的過程。通過建立兩個座標系統之間一一對應的關係來實現，在對服務機器人進行運動分析時通常需要座標之間的變換。

(1) 服務機器人座標系

為整個服務機器人運動建立一個模型，是一個由底向上的過程。移動服務機器人中各單個輪子對服務機器人的運動作貢獻，同時又對服務機器人運動施加約束。根據服務機器人底盤的幾何特性，多個輪子是通過一定的機械結構連在一起的，所以它們的約束將聯合起來，形成對服務機器人底盤整個運動的約束。這裏，需要用相對清晰和一致的參考座標系來表達各輪的力和約束。在移動服務機器人學中，由於它獨立和移動的本質，需要在全局和局部參考座標系之間有一個清楚的映射。我們從定義這些參考座標系開始，闡述單獨輪子和整個服務機器人的運動學之間的關係。

在整個分析過程中，把服務機器人建模成輪子上的一個剛體，運行在水平面上。

在平面上，該服務機器人底盤總的維數是 3 個；2 個為平面中的位置；1 個為沿垂直軸方向的轉動，它與平面正交。當然，由於存在輪軸、輪的操縱關節和小腳輪關節，還會有附加的自由度和靈活性。然而就服務機器人底盤而言，我們只把它看作是剛體，忽略服務機器人和它的輪子間的關聯和自由度。

為了確定服務機器人在平面中的位置，如圖 5-5 所示，建立了平面全局參考座標系和服務機器人局部參考座標系之間的關係。將平面上任意一點選為原點 O，相互正交的 x 軸和 y 軸建立全局參考座標系。為了確定服務機器人的位置，選擇服務機器人底盤上一個點 C 作為它的位置參考點。通常 C 點與服務機器人的重心重合。基於 $\{x_R, y_R\}$ 定義服務機器人底盤上相對於 C 的兩個軸，從而定義了服務機器人的局部參考座標系。在全局參考座標系上，C 的位置由座標 x 和 y 確定，全局和局部參考座標系之間的角度差由 θ 給定。可以將服務機器人的姿態描述為具有這 3 個元素的矢量：

$$\boldsymbol{\xi}_1 = \begin{bmatrix} x \\ y \\ \theta \end{bmatrix} \tag{5-11}$$

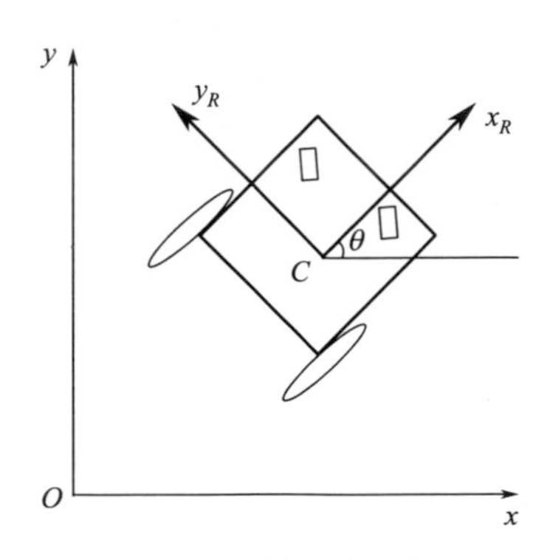

圖 5-5　服務機器人座標框架

為了根據分量的移動描述服務機器人的移動，需要把沿全局參考座標系的運動映射成沿服務機器人局部參考座標系軸的運動。該映射用如式(5-12) 所示的正交旋轉矩陣完成。

$$\boldsymbol{R}(\boldsymbol{\theta}) = \begin{bmatrix} \sin\theta & \sin\theta & 0 \\ -\sin\theta & \sin\theta & 0 \\ 0 & 0 & 1 \end{bmatrix} \tag{5-12}$$

可以用該矩陣將全局參考座標系 $\{x, y\}$ 中的運動映射到局部參考座標系 $\{x_R, y_R\}$ 中的運動。其中 $\boldsymbol{\xi}_1$ 表示全局座標系下服務機器人的運動狀態矢量；$\boldsymbol{\xi}_R$ 表示局部座標系下服務機器人的運動狀態矢量：

$$\boldsymbol{\xi}_R = \boldsymbol{R}(\boldsymbol{\theta})\boldsymbol{\xi}_1 \tag{5-13}$$

反之可得：

$$\boldsymbol{\xi}_1 = \boldsymbol{R}(\boldsymbol{\theta})^{-1}\boldsymbol{\xi}_1 \tag{5-14}$$

例如圖 5-6 中的服務機器人，對該服務機器人，因為 $\theta = \frac{\pi}{2}$，可以很容易地計算出瞬時的旋轉矩陣：

$$R\left(\frac{\pi}{2}\right)=\begin{bmatrix}0 & 1 & 0\\-1 & 0 & 0\\0 & 0 & 1\end{bmatrix}$$

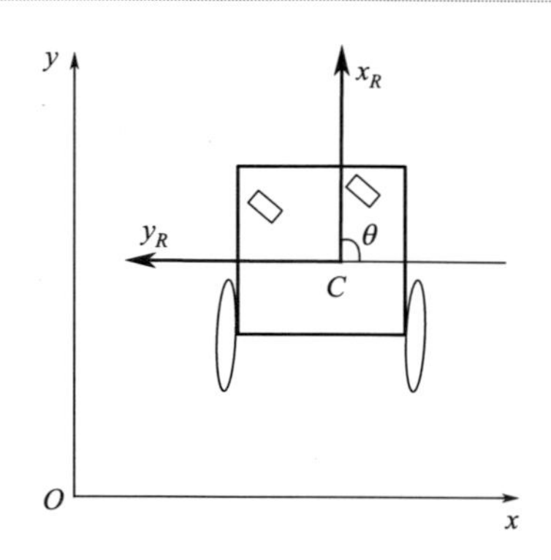

圖 5-6　與全局軸並排的服務機器人

在這種情況下，由於服務機器人的特定角度，沿 x_R 的運動速度等於 $Y_{導}$，沿 y_R 的運動速度等於 $-x_{導}$。

$$\boldsymbol{\xi}_R=R\left(\frac{\pi}{2}\right)\xi_1=\begin{bmatrix}0 & 1 & 0\\-1 & 0 & 0\\0 & 0 & 1\end{bmatrix}\begin{bmatrix}\dot{x}\\\dot{y}\\\dot{\theta}\end{bmatrix}=\begin{bmatrix}\dot{y}\\-\dot{x}\\\dot{\theta}\end{bmatrix} \tag{5-15}$$

(2) 純平移變換的表示

變換中的純平移指空間內一剛體或者一座標系以恆定的姿態運動。座標系純平移時變化的只有座標系原點相對於參考座標系的位置，各座標軸的姿態沒有任何變化，如圖 5-7 所示。可以用變換前座標系的原點座標加上表示變換的位移向量來描述變換後的座標系的新座標[3]。在用矩陣表示座標系時，通常用原來座標矩陣左乘變換矩陣得到。由於純平移中方向向量恆定不變，我們可以用式(5-16) 中矩陣表示變換矩陣 $\boldsymbol{T}$。

$$\boldsymbol{T}=\begin{bmatrix}1 & 0 & 0 & d_x\\0 & 1 & 0 & d_y\\0 & 0 & 1 & d_z\\0 & 0 & 0 & 1\end{bmatrix} \tag{5-16}$$

式中　d_x，d_y，d_z——純平移向量 $\overline{d}$ 相對於參考座標系 x，y，z 軸的 3 個分量。

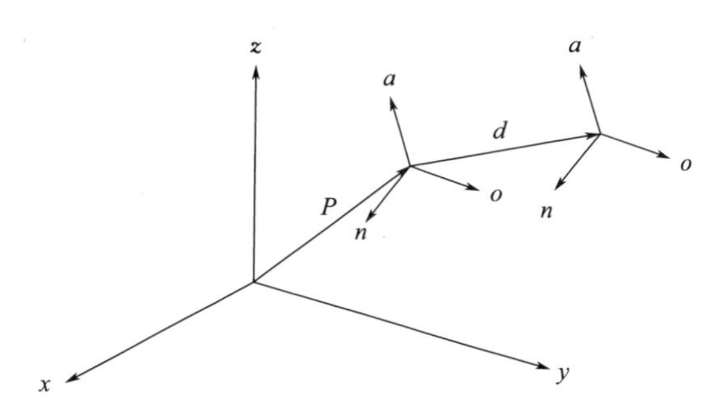

圖 5-7 空間純平移變換的表示

可以看到，矩陣的前三列為單位矩陣，表示沒有旋轉運動，而最後一列表示純平移運動，新的座標系位置可以表示為：

$$\boldsymbol{F}_{\text{new}}=\begin{bmatrix}1&0&0&d_x\\0&1&0&d_y\\0&0&1&d_z\\0&0&0&1\end{bmatrix}\times\begin{bmatrix}n_x&o_x&a_x&p_x\\n_y&o_y&a_y&p_y\\n_z&o_z&a_z&p_z\\0&0&0&1\end{bmatrix}=\begin{bmatrix}n_x&o_x&a_x&p_x+d_x\\n_y&o_y&a_y&p_y+d_y\\n_z&o_z&a_z&p_z+d_z\\0&0&0&1\end{bmatrix}\tag{5-17}$$

這個變換方程也可表示為以下形式：

$$\boldsymbol{F}_{\text{new}}=\text{Trans}(d_x,d_y,d_z)\times\boldsymbol{F}_{\text{old}}\tag{5-18}$$

這裏可以看出以下三點。

① 將座標系左乘變換矩陣得到新座標系的位置，這種處理方法適用於任何形式的變換。

② 純平移後，新座標系的位置分量由原來分量加上位移分量得到，而座標系的位姿分量保持不變。

③ 齊次變換矩陣相乘後，矩陣的維數保持不變。

(3) 繞軸純旋轉變換的表示

為了方便推導繞軸旋轉的表達式，假設該座標系與參考座標系原點重合，並且三座標軸兩兩平行，將推導出的表達式推廣到其他旋轉或者旋轉組合。

繞軸旋轉的過程可描述為：假設待旋轉座標系（$\overline{n}$，$\overline{o}$，$\overline{a}$）位於參考座標系（$\overline{x}$，$\overline{y}$，$\overline{z}$）原點位置，該座標系繞參考座標系的 x 軸旋轉一定角度 θ，現假設有一點 P 在旋轉座標系上，它相對於參考座標系的座標為 P_x，P_y，P_z，相對於運動座標系的三維座標為 P_n，P_o，P_a。P 點會隨著座標系繞參考座標系 x 軸旋轉而旋轉。旋轉之前，在參考座標系

和運動座標系中 P 點的座標是相同的，本身兩個座標系的軸也是平行的。旋轉後，P 點座標在參考座標系中座標改變了，在旋轉座標系中卻沒有改變，如圖 5-7 所示。本小節需求出 P 點在旋轉後相對於固定參考座標系的新座標。

可以在圖 5-8 中觀察到 P 點在旋轉前後座標的變化情況。P 點相對於參考座標系的座標是 P_x，P_y，P_z，而相對於旋轉座標系（P 點所固連的座標系）的座標仍為 P_n，P_o，P_a。

由圖 5-9 可以看出，P_y 和 P_z 隨座標系統 x 軸的轉動而改變，而 P_x 卻沒有改變，可以證明：

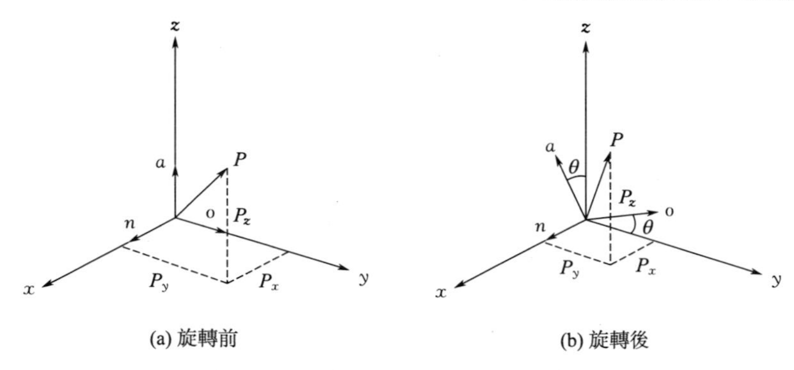

圖 5-8　座標系旋轉前後的點的座標

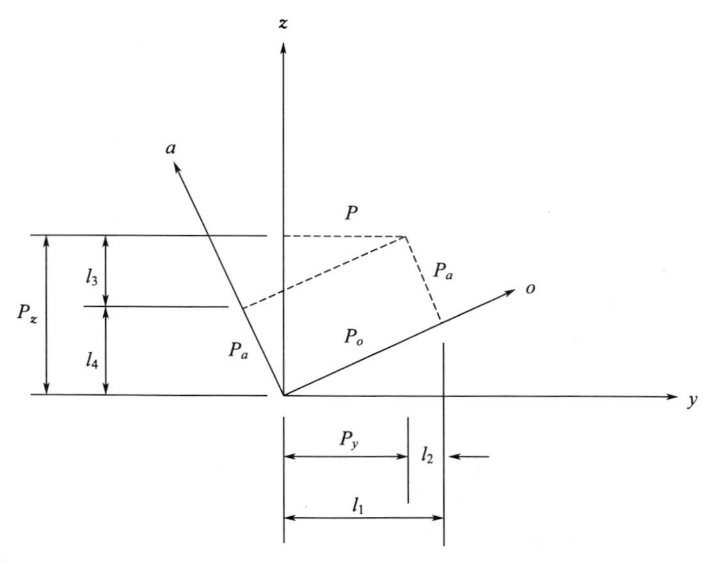

圖 5-9　相對於參考座標系的點的座標和從x 軸上觀察旋轉座標系

$$P_x = P_n$$
$$P_y = l_1 - l_2 = P_0\cos\theta - P_a\sin\theta \tag{5-19}$$
$$P_z = l_3 + l_4 = P_0\sin\theta + P_a\cos\theta$$

用矩陣表示為：

$$\begin{bmatrix} P_x \\ P_y \\ P_z \end{bmatrix} = \begin{bmatrix} 1 & 0 & 0 \\ 0 & \cos\theta & -\sin\theta \\ 0 & \sin\theta & \cos\theta \end{bmatrix} \begin{bmatrix} P_n \\ P_o \\ P_a \end{bmatrix} \tag{5-20}$$

由上可得：為了獲得旋轉變換後的座標值，需拿旋轉前的矩陣左乘旋轉矩陣，這也同樣適用於所有繞參考座標系 x 軸做純旋轉的變換，可以簡潔地表示為：

$$P_{xyz} = \mathrm{Rot}(x,\theta) \times P_{noa} \tag{5-21}$$

注意：在式(5-21) 中，旋轉矩陣的第一列表示相對於 x 軸的位置，其值為 1，0，0，它表示沿 x 軸的座標沒有改變。

為簡化書寫，習慣用符號 $C\theta$ 表示 $\cos\theta$，用 $S\theta$ 表示 $\sin\theta$。因此，旋轉矩陣也可寫為：

$$\mathrm{Rot}(x,\theta) = \begin{bmatrix} 1 & 0 & 0 \\ 0 & C\theta & -S\theta \\ 0 & S\theta & C\theta \end{bmatrix} \tag{5-22}$$

可用類似的方法來分析座標系繞參考座標系 y 軸和 z 軸旋轉的情況，推導結果為：

$$\mathrm{Rot}(y,\theta) = \begin{bmatrix} \cos\theta & 0 & \sin\theta \\ 0 & 1 & 0 \\ -\sin\theta & 0 & \cos\theta \end{bmatrix}, \mathrm{Rot}(z,\theta) = \begin{bmatrix} \cos\theta & -\sin\theta & 0 \\ \sin\theta & \cos\theta & 0 \\ 0 & 0 & 1 \end{bmatrix} \tag{5-23}$$

式(5-22) 也可寫為習慣的形式，以便於理解不同座標系間的關係，為此，可將該變換表示為 ${}^uT_R$ [讀作座標系 R 相對於座標系 U(universe) 的變換]，將 P_{noa} 表示為 ${}^RP$（P 相對於座標系 R），將 P_{xyz} 表示為 ${}^uP$（P 相對於座標系 U），則可簡化為：

$${}^uP = {}^uT_R \times {}^RP \tag{5-24}$$

由式(5-24) 可見，去掉 R 便得到了 P 相對於座標系 U 的座標。

(4) 複合變換的表示

複合變換是指一系列純平移與繞軸旋轉按照一定次序變換的組合。空間的任何運動或者變換都可以分解為一組旋轉與平移變換的順序組合。例如，為了進行某項運動，可以將座標系或者剛體先沿 x 軸平移，再繞

y、z 軸旋轉，最後再繞某軸平移。複合變換重要的是一個個基本變換的順序，如果順序錯了，變換的總體效果就會不同[4]。

為了推導複合變換表示方法，假定座標系（$\overline{n}, \overline{o}, \overline{a}$）相對於參考座標系（$x, y, z$）依次進行了下面 3 個變換。

① 繞 x 軸旋轉 α 角。

② 接著平移 $[l_1 \quad l_2 \quad l_3]$（分別相對於 x，y，z 軸）。

③ 最後繞 y 軸旋轉 β 角。

比如點 P_{noa} 固定在旋轉座標系，開始時旋轉座標系的原點與參考座標系的原點重合。隨著座標系（$\overline{n}, \overline{o}, \overline{a}$）相對於參考座標系旋轉或者平移時，座標系中的 P 點相對於參考座標系也跟著改變。第一次變換後，P 點相對於參考座標系的座標可用式(5-25) 表示出來：

$$P_{1,xyz} = \mathrm{Rot}(x, \alpha) \times P_{noa} \tag{5-25}$$

式中　$P_{1,xyz}$——經過旋轉過後相對於參考座標系的座標。

經過平移過後，該點相對於參考座標系的座標可表示為：

$$P_{2,xyz} = \mathrm{Trans}(l_1, l_2, l_3) \times P_{1,xyz} = \mathrm{Trans}(l_1, l_2, l_3) \times \mathrm{Rot}(x, \alpha) \times P_{noa} \tag{5-26}$$

最後，經過最後一次旋轉過後，該點的座標為：

$$\begin{aligned} P_{xyz} &= P_{3,xyz} = \mathrm{Rot}(y, \beta) \times P_{2,xyz} \\ &= \mathrm{Rot}(y, \beta) \times \mathrm{Trans}(l_1, l_2, l_3) \times \mathrm{Rot}(x, \alpha) \times P_{noa} \end{aligned} \tag{5-27}$$

可見，通過用變換矩陣左乘變換前的座標可以獲得變換後的該點相對於參考座標系的新座標。這裏不能搞錯變換順序，矩陣變換的順序剛好和矩陣書寫的順序是相反的。

(5) 相對於旋轉座標系的變換

綜合前幾小節，可以發現前面所研究的變換都是用原來座標矩陣左乘變換矩陣，即都是相對於空間內一個固定座標系做旋轉或者平移變換，但是在實際運動中，機械臂也有可能相對於當前座標系或者運動座標系做變換。例如，機械臂可以相對於運動座標系 o 軸而不是參考座標系 y 軸旋轉一定的角度。為了計算這種變換給當前座標系帶來的影響，通過證明推導可得，右乘變換矩陣而不是左乘就可以求得相對於旋轉座標系變換後的座標。

5.1.4 齊次變換及運算

(1) 齊次座標的定義

座標變換可以寫成以下形式：

$$\begin{bmatrix} {}^{A}\boldsymbol{P} \\ 1 \end{bmatrix} = \begin{bmatrix} {}^{A}_{B}\boldsymbol{R} & {}^{A}\boldsymbol{R}_{Bo} \\ 0 & 1 \end{bmatrix} \begin{bmatrix} {}^{B}\boldsymbol{P} \\ 1 \end{bmatrix} \tag{5-28}$$

將位置矢量用 4×1 矢量表示，增加 1 維的數值恆為 1，我們仍然用原來的符號表示 4 維位置矢量，並採用以下符號表示座標變換矩陣：

$$ {}^{A}_{B}\boldsymbol{T} = \begin{bmatrix} {}^{A}_{B}\boldsymbol{R} & {}^{A}\boldsymbol{P}_{Bo} \\ 0 & 1 \end{bmatrix} \tag{5-29}$$

$$ {}^{A}\boldsymbol{P} = {}^{A}_{B}\boldsymbol{T}\,{}^{B}\boldsymbol{P} \tag{5-30}$$

${}^{A}\boldsymbol{P}$ 為 4×4 的矩陣，稱為齊次座標變換矩陣。可以理解為座標系 $\{B\}$ 在固定座標系 $\{A\}$ 中的描述。齊次座標變換的主要特點是表達簡潔，同時在表示多個座標變換的時候比較方便。

(2) 齊次變換算子

在服務機器人中還經常用到下面的變換，如圖 5-10 所示，矢量${}^{A}\boldsymbol{P}_1$ 沿矢量${}^{A}\boldsymbol{Q}$ 平移至的${}^{A}\boldsymbol{Q}$ 終點，得一矢量${}^{A}\boldsymbol{P}_2$。已知${}^{A}\boldsymbol{P}_1$ 和${}^{A}\boldsymbol{Q}$ 求${}^{A}\boldsymbol{P}_2$ 的過程稱為平移變換，與前面不同，這裏只涉及單一座標系。

$$ {}^{A}\boldsymbol{P}_2 = {}^{A}\boldsymbol{P}_1 + {}^{A}\boldsymbol{Q} \tag{5-31}$$

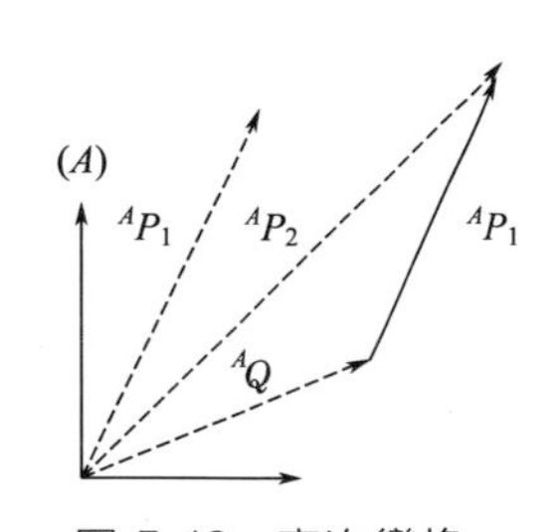

圖 5-10 齊次變換

可以採用齊次變換矩陣表示平移變換：

$$ {}^{A}\boldsymbol{P}_2 = \mathrm{Trans}({}^{A}\boldsymbol{Q})\,{}^{A}\boldsymbol{P}_1 \tag{5-32}$$

$\mathrm{Trans}({}^{A}\boldsymbol{Q})$ 稱為平移算子，其表達式為：

$$ \mathrm{Trans}({}^{A}\boldsymbol{Q}) = \begin{bmatrix} \boldsymbol{I} & {}^{A}\boldsymbol{Q} \\ \boldsymbol{0} & 1 \end{bmatrix} \tag{5-33}$$

其中 $\boldsymbol{I}$ 是 3×3 單位矩陣。例如若${}^{A}Q = a_i + b_j + c_k$，其中 i、j 和 k 分別表示座標系 $\{A\}$ 3 個座標軸的單位矢量，則平移算子表示為：

$$ \mathrm{Trans}(a,b,c) = \begin{bmatrix} 1 & 0 & 0 & a \\ 0 & 1 & 0 & b \\ 0 & 0 & 1 & c \\ 0 & 0 & 0 & 1 \end{bmatrix} \tag{5-34}$$

同樣，我們可以研究矢量在同一座標系下的旋轉變換，${}^{A}\boldsymbol{P}_1$ 繞 Z 軸轉 θ 角得到${}^{A}\boldsymbol{P}_2$，則：

$$ {}^{A}\boldsymbol{P}_2 = \mathrm{Rot}(z,\theta)\,{}^{A}\boldsymbol{P}_1 \tag{5-35}$$

$\mathrm{Rot}(z, \theta)$ 稱為旋轉算子，其表達式為：

$$\mathrm{Rot}(z,\theta)=\begin{bmatrix} C\theta & -S\theta & 0 & 0 \\ S\theta & C\theta & 0 & 0 \\ 0 & 0 & 1 & 0 \\ 0 & 0 & 0 & 1 \end{bmatrix} \tag{5-36}$$

同理，可以得到繞 X 軸和 Y 軸的旋轉算子：

$$\mathrm{Rot}(x,\theta)=\begin{bmatrix} 1 & 0 & 0 & 0 \\ 0 & C\theta & -S\theta & 0 \\ 0 & S\theta & C\theta & 0 \\ 0 & 0 & 0 & 1 \end{bmatrix},\mathrm{Rot}(y,\theta)=\begin{bmatrix} C\theta & 0 & S\theta & 0 \\ 0 & 1 & 0 & 0 \\ -S\theta & 0 & C\theta & 0 \\ 0 & 0 & 0 & 1 \end{bmatrix} \tag{5-37}$$

5.2 服務機器人的微分運動與動力學分析

前面一節介紹了服務機器人位置運動學，接下來將從底盤的角度介紹服務機器人的微分運動及動力學。

服務機器人底盤的微分運動及動力學，分別從雙輪式服務機器人運動學及動力學分析、三輪式服務機器人運動學及動力學分析展開介紹。

5.2.1 底盤運動學分析——雙輪

(1) 雙輪差速移動服務機器人運動學分析

首先，我們討論如圖 5-11 所示的雙輪差速驅動的移動服務機器人的運動學模型，即討論給定服務機器人的幾何特徵和它的輪子速度後，服務機器人的運動方程。

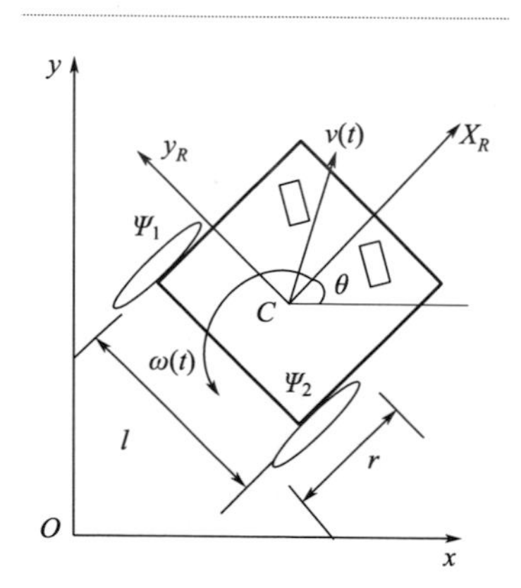

圖 5-11 在全局座標參考係中的雙輪差速驅動服務機器人

如圖 5-11 所示，假設該差速驅動的服務機器人局部座標系原點 C 位於兩輪中心，並且 C 點與服務機器人重心重合，局部座標系中 y_R 軸與服務機器人兩輪軸線平行，與車體正前方垂直；x_R 軸與全局座標系 x 軸夾角為 θ。服務機器人有 2 個主動輪子，各具直徑 r，兩輪輪間距為 l。假定服務機器人在運動中質心的線速度為 $v(t)$，角速度為

$\omega(t)$，左右兩輪的轉速分別為 $\dot{\varphi}_1$ 和 $\dot{\varphi}_2$，服務機器人左右兩輪的運動速度分別為 v_L、v_R，給定 r、l、θ，以及根據圖 5-11 所示的幾何關係，考慮到移動服務機器人滿足剛體運動規律，下面的運動學方程（5-38）成立。

$$V_L=\dot{\varphi}_1 \frac{r}{2}, V_R=\dot{\varphi}_1 \frac{r}{2}$$
$$\omega(t)=\frac{V_R-V_L}{l}, v(t)=\frac{V_R-V_L}{2} \tag{5-38}$$

$$\boldsymbol{\xi}_1=\begin{bmatrix}\dot{x}\\ \dot{y}\\ \dot{\theta}\end{bmatrix}=\boldsymbol{R}(\boldsymbol{\theta})^{-1}\boldsymbol{\xi}_R=\begin{bmatrix}\cos\theta & -\sin\theta & 0\\ \sin\theta & \cos\theta & 0\\ 0 & 0 & 1\end{bmatrix}\begin{pmatrix}v(t)\\ \omega(t)\end{pmatrix} \tag{5-39}$$

聯合這兩個方程，得到差速驅動實例服務機器人的運動學模型

$$\boldsymbol{\xi}_1=\boldsymbol{R}(\boldsymbol{\theta})^{-1}\begin{bmatrix}\frac{r\dot{\varphi}_1}{2}+\frac{r\dot{\varphi}_2}{2}\\ 0\\ -\frac{r\dot{\varphi}_1}{l}+\frac{r\dot{\varphi}_2}{2}\end{bmatrix}=\boldsymbol{R}(\boldsymbol{\theta})^{-1}\begin{bmatrix}\frac{r}{2} & \frac{r}{2}\\ 0 & 0\\ -\frac{r}{l} & \frac{r}{l}\end{bmatrix}\begin{bmatrix}\dot{\varphi}_1\\ \dot{\varphi}_2\end{bmatrix} \tag{5-40}$$

定義服務機器人廣義位置矢量為 $\theta=(x, y, \theta, \varphi_1, \varphi_2)^{\mathrm{T}}$，速度矢量為 $v=(\dot{\varphi}_1,\ \dot{\varphi}_2)^{\mathrm{T}}$，則服務機器人的運動學模型可表述為：

$$\dot{q}=S(q)v \tag{5-41}$$

$$S(q)=\begin{bmatrix}\frac{r\cos\theta}{2} & \frac{r\sin\theta}{2} & -\frac{r}{2l} & 1 & 0\\ \frac{r\cos\theta}{2} & \frac{r\sin\theta}{2} & \frac{r}{2l} & 0 & 1\end{bmatrix}$$

（2）雙輪差速移動服務機器人動力學建模

動力學模型與運動學模型不同，它主要是為了確定物體在受到外力作用時的運動結果。假設服務機器人整體的質量為 m，繞 C 點的轉動慣量為 J。設左右兩輪輸出的轉動慣量為 J_1、J_2，左右電機驅動力矩分別為 T_1、T_2，左右兩輪的轉速為 φ_1 和 φ_2。左右兩輪受到的 x_R 方向的約束反力分別為 F_{xR1}、F_{xR2}，兩輪沿 y_R 軸方向受到的約束反力之和為 F_{yR}。

分別在 x_R、y_R 以及 z 方向及電機軸方向對移動服務機器人進行受力分析，服務機器人滿足 x_R、y_R 方向力平衡以及 z 方向力矩平衡，在電機軸上滿足力矩平衡三大平衡條件，於是得到動力學方程為：

$$\begin{cases} m\ddot{x}-(F_{xR1}+F_{xR2})\cos\theta+F_{y_R}\sin\theta=0 \\ m\ddot{y}-(F_{xR1}+F_{xR2})\sin\theta-F_{y_R}\cos\theta=0 \\ J\ddot{\theta}+\frac{l}{2}(F_{xR1}-F_{xR2})=0 \\ J_1\ddot{\varphi}_1+\frac{r}{2}F_{xR1}=T_1 \\ J_2\ddot{\varphi}_2+\frac{r}{2}F_{xR2}=T_2 \end{cases} \tag{5-42}$$

採用服務機器人廣義位姿的位置矢量 $q=(x,y,\theta,\varphi_1,\varphi_2)^{\mathrm{T}}$，式(5-38)可整理成拉格朗日標準形式：

$$M\ddot{q}=E\tau-A^{\mathrm{T}}(q)\lambda \tag{5-43}$$

$$\begin{cases} M=\mathrm{diag}\{m,\ m,\ J,\ J_1,\ J_2\} \\ E=\begin{pmatrix} 0 & 0 & 0 & 1 & 0 \\ 0 & 0 & 0 & 0 & 1 \end{pmatrix} \\ \lambda=(F_{yR},\ F_{yR1},\ F_{yR2})^{\mathrm{T}} \\ \tau=(T_1,\ T_2)^{\mathrm{T}} \end{cases}$$

式中　M——慣量矩陣；

E——轉換矩陣；

λ——對應於約束力的拉格朗日乘數因子矩陣；

τ——輸入力矩矢量。

驗證廣義位姿的速度矢量 $\dot{q}$ 滿足非完整約束方程：$\boldsymbol{A}(\boldsymbol{q})\dot{\boldsymbol{q}}=0$，則

$$\boldsymbol{A}(\boldsymbol{q})=\begin{pmatrix} \sin\theta & -\cos\theta & 0 & 0 & 0 \\ -\cos\theta & -\sin\theta & \frac{l}{2} & \frac{r}{2} & 1 \\ -\cos\theta & -\sin\theta & -\frac{l}{2} & 0 & \frac{r}{2} \end{pmatrix} \tag{5-44}$$

由雙輪差速式移動服務機器人的運動學模型可知，$A(q)$、$S(q)$ 滿足等式 $A(q)S(q)=0$。整合上述方程，可知得簡化後的運動學方程為：

$$\tau=S^{\mathrm{T}}(q)M\ddot{q} \tag{5-45}$$

由此，我們得到了被控量電機驅動力矩 τ 與服務機器人廣義位姿的加速度矢量 $\ddot{q}$ 之間的表達式，為之後實現自動控制打下基礎。

5.2.2 底盤運動學分析——全向輪

(1) 全向輪移動服務機器人運動學分析

具有傳統車輪的服務機器人只能有兩個自由度的運動，所以在運動

學上，它等價於傳統的陸上車輛。然而，具有全向輪的服務機器人有 3 個自由度運動的能力，即沿著平面上 x 軸、y 軸以及繞自身中心旋轉的運動能力，這充分增加了服務機器人的機動性。本節將給出這種全向輪移動服務機器人的運動學模型[5]。

全向輪種類很多，本節以全向輪為例進行討論，它的組成是在輪轂的外緣上設置有可繞自己的軸旋轉的輥子，且均勻分布於輪轂周圍，這些輥子軸線（E_i）和輪轂軸線（S_i）的夾角 α 為 90°。該麥卡納姆輪由雙排自由滾動的輥子組成，使得輪子在地面滾動時才形成連續的接觸點。而在運動時，輪轂是驅動機構輥子的從動機構，因此在本節中主動輪由圖 5-12 所示輪轂與邊沿輥子組成，從動輪為車輪輥子，主動輪、從動輪與地面接觸點均為輥子與地面的接觸點。

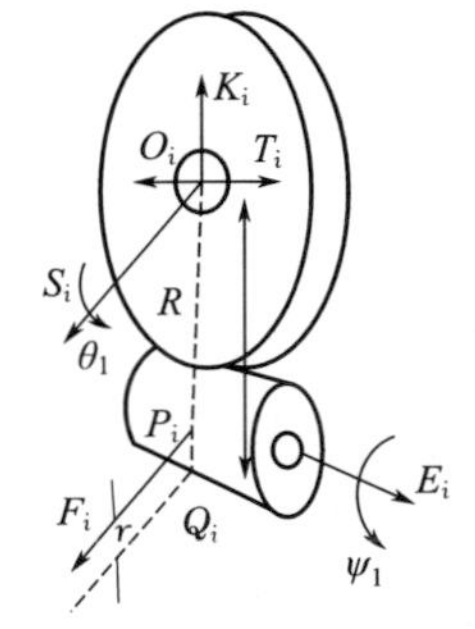

(a) 第 i 個輪子的相關參數

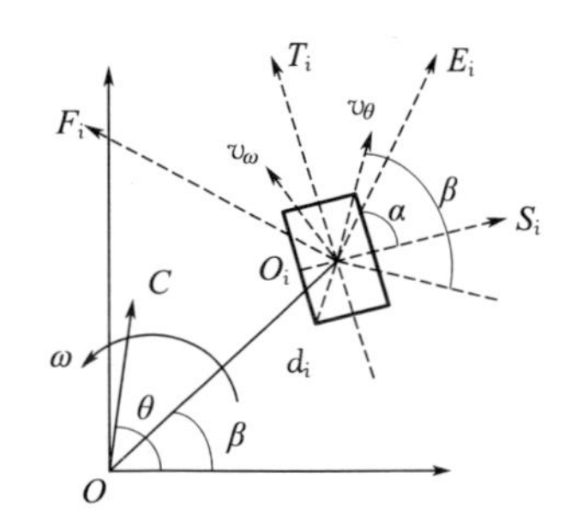

(b) 第 i 個輪子在服務機器人系統中的參數

圖 5-12　第 i 個輪子參數

由於全向輪結構的特殊性，全向輪移動服務機器人可以由不同數量的全向輪組成，理論上說可以由大於 2 的任意個輪子組成，但從可控性以及經濟性方面考慮，常見的由 3 輪、4 輪組成。由不同數量（K 個）全向輪組成的全向輪移動服務機器人有著不同的運動性能，$K(K\geqslant 3)$ 越大，振動越小；但同時帶來了許多機構上的問題，比如在不平地面上運動，當 $K\geqslant 4$ 時需要增加彈性懸架機構來保證每個輪子都與地面接觸。那麼，如何選取合適的 K 值以獲得需要的運動性能呢？我們可以對服務機器人進行運動學建模。

設全向輪移動服務機器人的 K 個全向輪以一定的角度安裝於本體上，圖 5-12(a) 所示為服務機器人第 i 個輪子的相關參數，其中 S_i 和 E_i 分別表示輪轂和輥子轉速的負方向；T_i 和 F_i 分別表示輪轂和輥子中心的線速度正方向；K_i 表示經過輪子中心垂直於地面的方向；O_i 為第 i

個輪子的中心；P_i 為輥子的中心；Q_i 為輥子（或車輪）與地面的接觸點；$\dot{\theta}_1$ 和 $\dot{\psi}_1$ 分別表示主動輪和從動輪的轉速；R 表示輪子軸心到接觸地面的距離，即全向輪的半徑；r 為從動輪的半徑。

在不考慮運動性能的情況下，全向輪可以任意角度安裝在服務機器人本體上，如圖 5-12(b) 所示。其中，服務機器人中心 C 至輪子中心 O_i 的矢量為 d_i，d_i 與 x 軸的夾角為 β，輪轂轉速負方向 S_i 與 x 軸夾角為 γ。以上各參數確定後，全向輪的安裝方式便可以確定。

通過主動輪與從動輪的運動關係，可以得到式(5-46)。

$$\dot{o}_i = \dot{p}_i + v_i \tag{5-46}$$

式中　$\dot{o}_i$——第 i 個全向輪中心的速度；

$\dot{p}_i$——與地面相接觸的從動輪的軸心速度；

v_i——點 o_i 與 p_i 的相對速度。

設主動輪與從動輪的角速度矢量分別為 ω_d、ω_p，它們有式(5-47) 所示的關係。

$$\omega_{d_i} = \omega k + \dot{\theta}_i S_i, \omega_p = \omega_d + \dot{\phi}_i E_i \tag{5-47}$$

由式(5-46)、式(5-47) 可推得公式(5-48)。

$$\dot{p}_i = \omega_p \times Q_i P_i = -r(\dot{\theta}_i T_i + \dot{\phi}_i F_i) \tag{5-48}$$

由式(5-48) 和已知關係式，獲得主動輪中心的速度公式。

$$v_i = \omega_d \times P_i Q_i = -\dot{\theta}_i (R - r) T_i \tag{5-49}$$

$$o_i = -R\dot{\theta}_i - r\dot{\phi}_i F_i \tag{5-50}$$

同時由於主動輪中心速度可以由服務機器人中心速度變量 $\dot{c}$ 和服務機器人角速度 ω 表示，可得式(5-51)。

$$\dot{o}_i = \dot{c} + \omega \xi d_i \tag{5-51}$$

$$\varepsilon = \begin{bmatrix} 0 & -1 \\ 1 & 0 \end{bmatrix}$$

由於輥子是隨動的，並不由驅動器驅動，是非控制運動，分析時不考慮該速度 ϕ，因此將式(5-50)、式(5-51) 的等式兩邊乘以 E_i，將兩式聯立從而最終可導出式(5-52)。

$$-R\dot{\theta}_i = k_i t, i = 1, 2, \cdots, n \tag{5-52}$$

$$k_i = [E_i^{\mathrm{T}} \xi d_i E_i^{\mathrm{T}}]$$

$$t = \begin{bmatrix} \omega \\ \dot{c} \end{bmatrix}$$

式中　t——運動旋量。

可將全向輪服務機器人的運動學模型表示為式(5-53) 所示的矩陣形式。

$$\begin{cases} \boldsymbol{J}=-R\boldsymbol{I} \\ \boldsymbol{K}=\begin{bmatrix} E_1^{\mathrm{T}}\xi d_1 & E_1^{\mathrm{T}} \\ \vdots & \vdots \\ E_n^{\mathrm{T}}\xi d_n & E_n^{\mathrm{T}} \end{bmatrix} \\ \dot{\theta}=[\dot{\theta}_1,\dot{\theta}_2,\cdots,\dot{\theta}_n] \end{cases} \tag{5-53}$$

$$\boldsymbol{J}\dot{\theta}=\boldsymbol{Kt} \tag{5-54}$$

式中 $\boldsymbol{J}$——全向輪半徑參數構成的矩陣；

$\dot{\theta}$——全向輪的轉速矩陣；

$\boldsymbol{K}$——全向輪移動服務機器人運動學方程的雅可比矩陣；

$\boldsymbol{t}$——運動旋量矩陣；

$\boldsymbol{I}$——單位矩陣。

對於如圖 5-13 所示 4 輪全向輪移動服務機器人的運動學模型可以按照上述方法所述模型作進一步的描述。為清楚表示服務機器人的各運動參數，將服務機器人的線速度 $\dot{c}$ 表示為 (v_x, v_y)，各輪子速度表示為 v_i $(i=1,2,\cdots,K)$。則 3 輪、4 輪全向輪移動服務機器人的逆運動學方程可表示為式(5-55) 和式(5-56)。

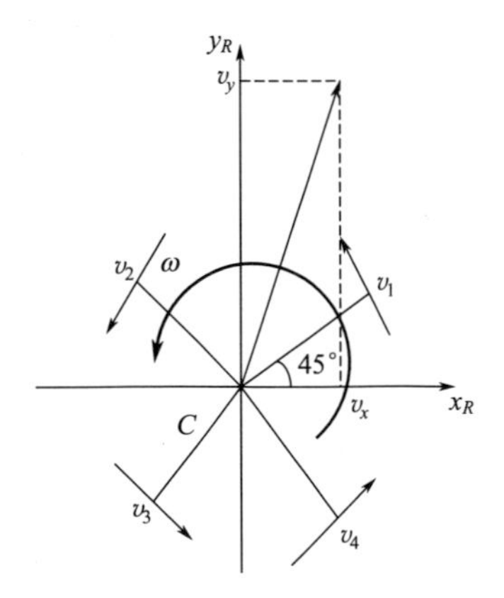

圖 5-13 4 輪全向輪移動服務機器人

$$\begin{pmatrix} v_1 \\ v_2 \\ v_3 \end{pmatrix}=\begin{pmatrix} -1/2 & \sqrt{3}/2 & R \\ -1/2 & -\sqrt{3}/2 & R \\ 1 & 0 & R \end{pmatrix}\begin{pmatrix} v_X \\ v_Y \\ \dot{\phi} \end{pmatrix} \tag{5-55}$$

$$\begin{pmatrix} v_1 \\ v_2 \\ v_3 \\ v_4 \end{pmatrix} = \begin{bmatrix} -\sqrt{2}/2 & \sqrt{2}/2 & R \\ -\sqrt{2}/2 & -\sqrt{2}/2 & R \\ \sqrt{2}/2 & -\sqrt{2}/2 & R \\ \sqrt{2}/2 & \sqrt{2}/2 & R \end{bmatrix} \begin{pmatrix} v_x \\ v_y \\ \dot{\phi} \end{pmatrix} \tag{5-56}$$

(2) 全向輪移動服務機器人動力學模型

① 單個輪子動力學模型。將輪子設定為剛體，是不可變形的圓盤，並將輪子與地面的相互作用認作是點接觸。實際中，大部分輪子是由可變形材料（如橡膠）製成，所以相互作用是面接觸。在本節中，假設全向輪移動服務機器人重心不高，因此，當服務機器人加速運動時，由重心偏高產生的各輪對地壓力的變化忽略不計。

基於車輛動力學理論，當全向輪移動服務機器人加速運動時，驅動輪與地面的接觸變形所產生的切向力是車輛或移動服務機器人運動的牽引驅動力。只要輪子和地面間的接觸區域，即輪子接地印跡上承受切向力，就會出現不同程度的打滑，因此，嚴格來講，理想純滾動假設條件並不符合實際情況。將加速過程中的車輪打滑減到最少是服務機器人運動控制的目標，而對單個輪子進行動力學分析是前提[6]。

當輪子在地面上滾動時，輪子與地面在接觸區域內產生的各種相互作用力和相應的變形都伴隨著能量損失，這種能量損失是產生滾動阻力的根本原因。為了提高服務機器人的加速性能，很多輪子都採用橡膠輪或其他具有塑性變形的材料製成，而且一些家用服務機器人或娛樂服務機器人（足球服務機器人）都會在地毯上運動，從而使服務機器人運動時更容易產生滾動阻力。正是這種彈性變形產生的彈性遲滯損失形成了阻礙輪子滾動的一種阻力偶，當輪子只受徑向載荷而不滾動時，地面對輪子的反作用力的分布是前後對稱的，其合力 F_z 與法向載荷 P 重合於法線 $n—n'$方向，如圖 5-14(a) 所示。當輪子滾動時，在法線 $n—n'$前後相對應點變形雖然相同，但由於彈性遲滯現象，處於加載壓縮過程的前部的地面法向反作用力就會大於處於卸載恢復過程的後部的地面法向反作用力。這樣就使地面法向反作用力前後的分布並不對稱，而使它們的合力 F_z 相對於法線 $n—n'$向前移動了一個距離 e，見圖 5-14(b)，它隨彈性遲滯損失的增大而變大。法向反作用合力 F_z 與法向載荷 P 大小相等，方向相反。

如果將法向反作用力 F_z 向後平移至通過輪子中心，與其垂線重合，則輪子在地面上滾動時的受力情況如圖 5-14 所示，出現一個附加的力偶矩 $T_f = F_{ze}$，這個阻礙車輪滾動的力偶矩稱為滾動阻力偶矩。由圖 5-15

可知，欲使輪子在地面上保持勻速滾動，必須在輪軸上加一驅動力矩 τ 或是加一推力 F_p，從而克服上述滾動阻力偶矩。相關數學關係表示如下。

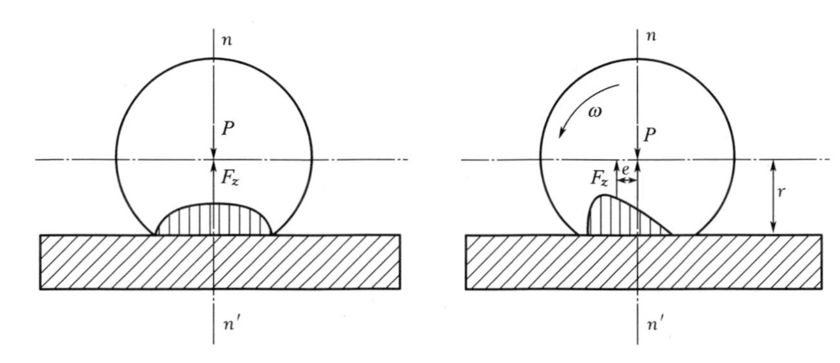

(a) 輪子靜止時受力情況　(b) 輪子滾動時受力情況

圖 5-14　輪子受力情況

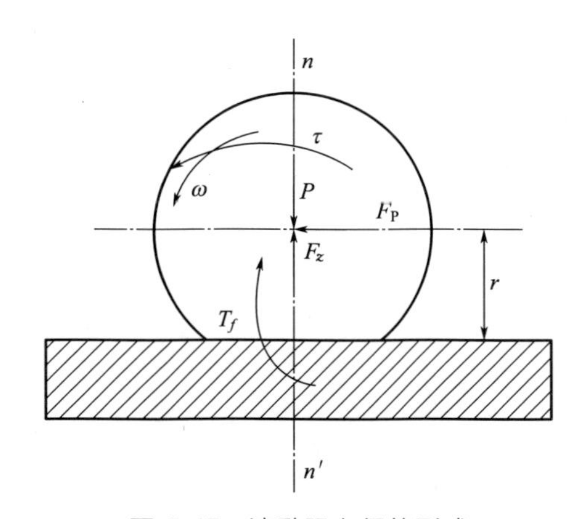

圖 5-15　滾動阻力偶的形成

$$\tau = T_i = F_z e \tag{5-57}$$

$$F_p r = T_f = F_z e \tag{5-58}$$

$$F_p = F_z \frac{e}{r} = P \frac{e}{r} \tag{5-59}$$

$$\mu_R = \frac{e}{r} \tag{5-60}$$

$$F_f = P\mu_R \tag{5-61}$$

式中，μ_R 為滾動阻力係數，由上式可知，滾動阻力係數是指在一定條件下，輪子滾動所需的推力與車輪所受徑向載荷之比，即要使輪子滾動，單位車重所需的推力。所以輪子的滾動阻力等於輪子徑向垂直載荷與滾動阻力係數之乘積，如式(5-61) 所示。真正作用在輪子上驅動服務機器人運動的力為地面對輪子的切向反作用力，該值為驅動力減去輪子上的滾動阻力。

圖 5-16 分別是驅動輪、從動輪在加速過程中的受力圖。各參數說明如下：R、r 分別為驅動輪和從動輪的半徑；P、P_p 分別為全向輪、從動輪上的載荷；N_d、N_p 分別為地面對驅動輪、從動輪的法向反作用力；f_{di}、f_{pi} 表示作用在驅動輪、從動輪上的地面切向反作用力；F'、Q_p 是驅動軸、從動軸作用於驅動輪、從動輪的平行於地面的力；M_d、M_p 是驅動輪、從動輪滾動阻力偶矩，在服務機器人載荷一定的情況下，

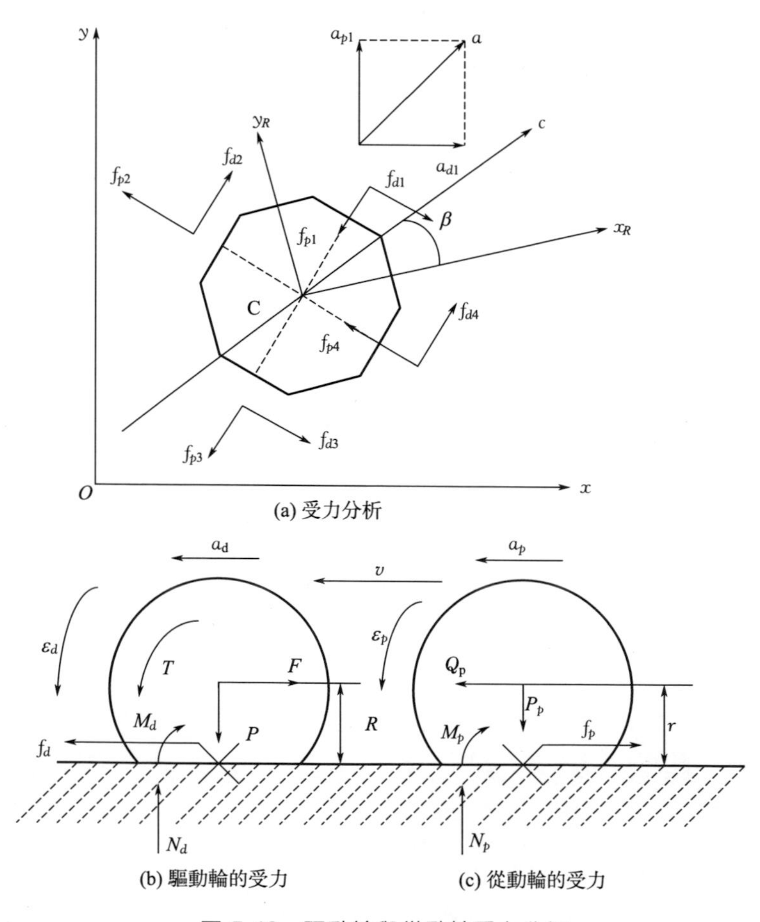

圖 5-16 驅動輪與從動輪受力分析

近似不變；ε_{di}、ε_{pi} 為驅動輪、從動輪的角加速度；a_{di}、a_{pi} 為驅動輪、從動輪軸心平行於地面的加速度；J_d、J_p 分別為主動輪與從動輪的轉動慣量；T 為電機作用於驅動輪的轉矩。

根據圖 5-16 所示受力情況，驅動輪與從動輪的動力學模型分別如式(5-62)、式(5-63) 所示。其中 m_d 是驅動輪質量，m_p 是從動輪質量。

$$\begin{aligned} m_d a_{di} &= f_{di} - F' \\ J_p \varepsilon_{di} &= T - f_{di} R - M_d \end{aligned} \tag{5-62}$$

$$\begin{aligned} m_p a_{pi} &= Q_p - f_{pi} \\ J_d \varepsilon_{di} &= f_{di} r - M_p \end{aligned} \tag{5-63}$$

$$f_h = u_h P \tag{5-64}$$

$$f_g = u_g P \tag{5-65}$$

地面對輪子切向反作用力的極限值 $f_{\max}$ 稱為附著力 f_h，其大小如式(5-64) 所示，其中 u_h 為附著係數，它是由地面與輪子決定的，所以地面切向反作用力不可能大於附著力，附著係數是產生加速度的關鍵值。當輪子與地面產生滑動時，地面對輪子切向反作用力便由輪子的滑動係數決定，設滑動係數 u_g，則滑動時的切向反作用力 f_g 有式(5-65) 所示關係，且 $u_h > u_g$，因此 $f_{\max}$ 為一有限大的值，當 T 過大時，輪子產生滑動，此時 $f_{\max}$ 變為 f_g。只要 $T \geqslant M_p$ 成立，就能驅動輪子，即 $a>0$，但 T 小，地面對輪子的切向反作用力也小（即驅動力小）。當 T 增大，地面對輪子的切向反作用力也增大。當 a 不斷增大，直到 $f \to f_{\max}$，此時 $a \to a_{\max}$，$f_{\max} = u_h P$ 為最大驅動力。當 T 繼續增大時，輪子將產生滑動，此時 $f = f_g = u_g P$，所以驅動能力反而減小。

由式(5-62) 可知，a_d 有一極限值，當電機轉矩 T 過大時，使得附著力提供的輪子中心的最大加速度小於由 T 作用而產生的加速度，即 $a_{d\max} < \varepsilon_{d\max}$ 時，將發生驅動輪打滑現象；同理作用於從動輪的 Q_p 過大時，從動輪同樣將發生打滑。

② 全向輪移動服務機器人整體動力學建模。根據圖 5-16 的單個輪子的受力模型和圖 5-17 的全向輪移動服務機器人運動平臺，使用牛頓-歐拉方程，可以對全向輪移動服務機器人建立動力學模型，整個動力學模型為式(5-62)、式(5-63)、式(5-66)。其中 m_R 為服務機器人質量，(x_c，y_c) 為服務機器人中心位置座標。

$$\begin{aligned} m_R \ddot{x}_c = &(F_{xd2} + F_{xd4})\sin(\alpha-\theta) + (F_{xd1} + F_{xd3})\sin(\alpha+\theta) - \\ &(F_{x_p2} + F_{x_p4})\cos(\alpha-\theta) - (F_{x_p1} + F_{x_p3})\cos(\alpha+\theta) \end{aligned}$$

$$m_R \ddot{y}_c = (F_{xd2} + F_{xd4})\cos(\alpha - \theta) - (F_{xd1} + F_{xd3})\cos(\alpha + \theta) + (F_{x_p 2} + F_{x_p 4})\sin(\alpha - \theta) - (F_{x_p 1} + F_{x_p 3})\sin(\alpha + \theta) \tag{5-66}$$

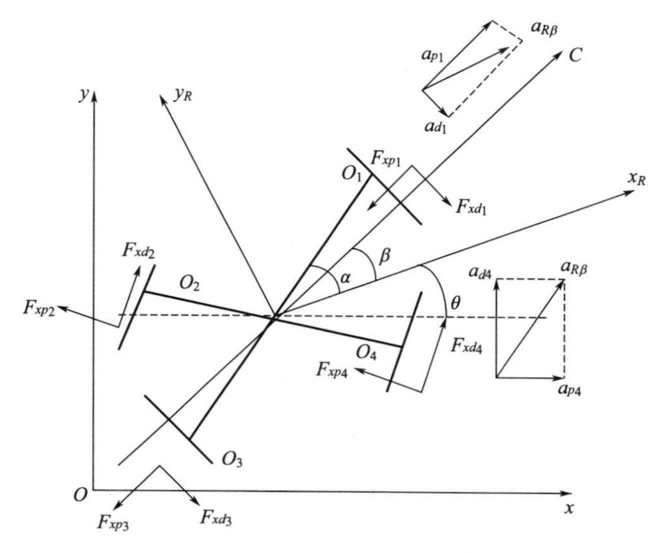

圖 5-17 全向輪移動服務機器人運動座標系統

由以上對運動學、動力學建模分析可知，全向輪移動服務機器人沿不同方向的最大速度、最大加速度、運動效率各不相同，運動時存在著各向相異性，因此服務機器人沿各個方向運動的效果將存在很大差異，為了更好地對服務機器人進行控制以及獲得更優的運動規劃，必須在控制算法中引入該特性的影響。

5.3 服務機器人的正逆運動學問題

前面幾章敘述了服務機器人的位置運動學，然後從底盤的角度分析了服務機器人的微分運動以及動力學。根據前面所學內容，只要知道服務機器人的關節變量，我們就能依據其運動方程確定服務機器人的位置，或者已知服務機器人的期望位姿就能確定相應的關節變量和速度。

本章將從機械臂的角度來介紹服務機器人運動學分析的軌跡規劃部分，主要包括正向運動學和逆向運動學。正向運動學即給定服務機器人各關節變量，計算服務機器人末端的位置姿態；逆向運動學即已知服務機器人末端的位置姿態，計算服務機器人對應位置的全部關節變量。一般正向運動學的解釋是唯一和容易獲得的，而逆向運動學往往有多個解而且分析更為複雜。服務機器人逆運動分析是運動規劃控制中的重要問題，但由於服務機器人逆運動問題的複雜和多樣性，無法建立通用的解析算法。逆運動學問題實際上是一個非線性超越方程組的求解問題，其中包括解的存在性、唯一性及求解的方法等一系列問題。

超越方程是包含超越函數的方程，也就是方程中有無法用自變量的多項式或開方表示的函數，與超越方程相對的是代數方程。

5.3.1 剛體的描述

剛體是指在運動中和受到力的作用後，形狀和大小不變，而且內部各點的相對位置不變的物體。剛體不光有位置，還有其自身的姿態。位置表示在空間中的哪個地方，而姿態則表示指向的方向。剛體在空間的位置，必須根據剛體中任一點的空間位置和剛體繞該點轉動時的位置來確定，所以剛體在空間有 6 個自由度。

一個物體通常都是這樣在空間表示出來：先將一個座標系與該物體固連在一起，然後在三維空間裏將此座標繫表示出來。默認這個座標系和物體是一直聯繫在一起，物體相對於這個座標系的關係是確定的。這樣，只要在空間表示出這個固連的座標系，這個物體在基座座標系下也就能表示出來。用矩陣不僅可以表示三維空間座標系，還可以表示相對於座標原點的位置和相對於參考座標系的表示該座標系姿態向量。一個剛體可用如下矩陣形式表示：

$$\boldsymbol{F}_{\text{object}}=\begin{bmatrix} n_x & o_x & a_x & p_x \\ n_y & o_y & a_y & p_y \\ n_z & o_z & a_z & p_z \\ 0 & 0 & 0 & 1 \end{bmatrix} \tag{5-67}$$

三維空間內的一個點通常只能沿著 3 個座標軸移動，只有 3 個自由度。而一個剛體不僅可以沿著 3 個座標軸移動，還能以這幾個軸為中心，繞著它轉動，擁有 6 個自由度，如圖 5-18 所示。這樣至少需要 6 條信息來表示該物體在參考座標系中的位置和該物體相對於 3 個座標軸的姿態。在式(5-67) 中的矩陣總共有 12 個元素，左上角 9 個元素表示物體的姿態，右上角 3 個元素表示該物體相對於基座標系的位置，最後一行為方便矩陣求逆、相乘而附加的比例因子。明顯該式中存在一定的限制條件將方程信息限定為 6。這樣需要 6 個方程將 12 個元素減少到 6 個。我們需根據已知座標系的固有性質來獲得這些限制條件。

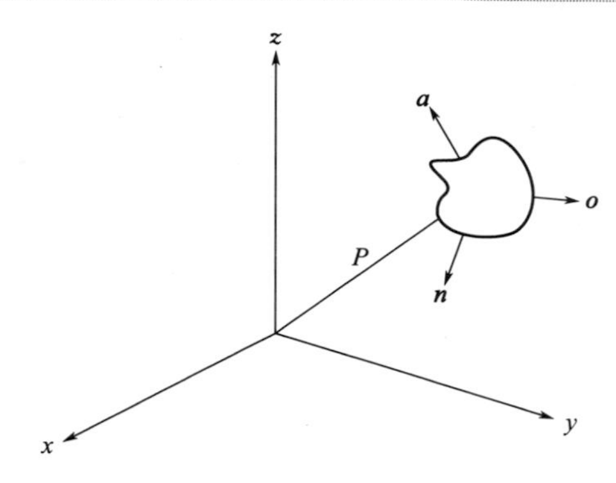

圖 5-18　空間物體的表示

① 3 個表示位姿的向量 $\boldsymbol{n}$，$\boldsymbol{o}$，$\boldsymbol{a}$ 相互垂直。

② 每個單位向量的長度必須為 1。

將上述約束條件轉換為式(5-68) 所示 6 個方程：

$$\begin{cases} ① \ \boldsymbol{n} \cdot \boldsymbol{o} = 0 \\ ② \ \boldsymbol{n} \cdot \boldsymbol{a} = 0 \\ ③ \ \boldsymbol{a} \cdot \boldsymbol{o} = 0 \\ ④ \ |\boldsymbol{n}| = 1 (\text{單位向量的長度為 } 1) \\ ⑤ \ |\boldsymbol{o}| = 1 \\ ⑥ \ |\boldsymbol{a}| = 1 \end{cases} \tag{5-68}$$

因此，只有在式(5-68) 中方程成立的條件下，才能用矩陣表示座標系的值。否則，座標系將不正確。式(5-68) 所示中前 3 個方程可以換用如式(5-69) 所示的 3 個向量的向量積來代替：

$$\boldsymbol{n} \times \boldsymbol{o} = \boldsymbol{a} \tag{5-69}$$

5.3.2 正逆運動學問題

服務機器人運動學正問題指已知服務機器人桿件的幾何參數和關節變量，求末端執行器相對於基座座標系的位置和姿態。服務機器人運動學方程的建立步驟如下。

① 根據 D-H 法建立服務機器人的基座座標系和各桿件座標系。

② 確定 D-H 參數和關節變量。

③ 從基座座標系出發，根據各桿件尺寸及相互位置參數，逐一確定 **A** 矩陣。

④ 根據需要將若干個 **A** 矩陣連乘起來，即得到不同的運動方程。

對六自由度服務機器人，手部相對於基座座標系的位姿變化為：$\boldsymbol{T}_6 = A_1 * A_2 * A_3 * A_4 * A_5 * A_6$[7]。

服務機器人運動學逆問題指已知服務機器人桿件的集合參數和末端執行器相對於基座座標系的位姿，求服務機器人各關節變量。求解服務機器人運動學逆問題的解析法又稱為代數法和變量分離法。在運動方程兩邊乘以若干個 **A** 矩陣的逆陣，則：

$$\boldsymbol{A}_1^{-1}\boldsymbol{T}_6 = A_2 * A_3 * A_4 * A_5 * A_6 = {}^1\boldsymbol{T}_6$$

$$(\boldsymbol{A}_2^{-1})\,{}^1\boldsymbol{T}_6 = A_2 * A_3 * A_4 * A_5 * A_6 = {}^2\boldsymbol{T}_6$$

$$\cdots$$

$$(\boldsymbol{A}_5^{-1})\,{}^4\boldsymbol{T}_6 = \boldsymbol{A}_6 = {}^5\boldsymbol{T}_6$$

得到新方程的展開，每個方程可有 12 個子方程，選擇等式左端僅含有所求關節變量的子方程進行求解，可求出相應的關節變量。除解析法外，還有幾何法、迭代法等。

為了簡化分析過程，可分別分析位置和姿態問題，再將兩者結合在一起，從而形成一組完整的方程。

（1）位置的正逆運動學

假定固連在剛體上的座標系的原點位置有 3 個自由度，它可以用 3 條信息來完全確定。因此，座標系的原點位置可以用任何常用的座標軸來定義。例如，基於直角座標系對空間的一個點定位，就意味著有 3 個關於 X、Y 和 Z 軸的線性運動。此外，它也可以用球座標來實現，意味著有一個線性運動和兩個旋轉運動[8]。

（2）位姿的正逆運動學

假設固連在服務機器人手上的運動座標系在直角座標系、圓柱座標系、球座標系或鏈式座標系中已經運動到期望的姿態，下一步是要在不改變位置的情況下，適當地旋轉座標系而使其達到所期望的姿態。這時只能繞當前座標系而不能繞參考座標系旋轉，因為繞參考座標系旋轉將會改變當前座標系原點的位置。合適的旋轉順序取決於服務機器人手腕的設計和關節裝配在一起的方式。

5.3.3 機械臂的正逆運動學

為了使服務機器人手臂處於期望位姿，需要確定每個關節的值，有了逆運動學解就能解決這個問題。本節將給出用數值法求解逆運動方程的一般步驟，根據目標物體已知位姿，即手臂抓取需要到的位置，解出各關節需要旋轉的角度。

從之前的變換方程中可以看見許多關節角是耦合的，這給從矩陣中提取信息來求解角度提高了難度。為了給各關節角度解耦，通常都是用${}^{R}\boldsymbol{T}_{H}$ 矩陣左乘$\boldsymbol{A}_{n}^{-1}$ 矩陣，這讓方程中去掉某個角度，這樣可以湊到一個角的正弦或者餘弦，從而求出相應的角度。

上節中得到機器臂的總變換方程為：

$$
{}^{R}\boldsymbol{T}_{H}=\boldsymbol{A}_1\boldsymbol{A}_2\boldsymbol{A}_3\boldsymbol{A}_4\boldsymbol{A}_5\boldsymbol{A}_6=
$$

$$
\begin{bmatrix}
C_1(C_{234}C_5C_6-S_{234}S_6) & C_1(-C_{234}C_5C_6-S_{234}C_6) & C_1(C_{234}S_5)+ & C_1(C_{234}L_5+C_{23}L_4 \\
-S_1S_5C_6 & +S_1S_5S_6 & S_1C_5 & +C_2L_2) \\
S_1(C_{234}C_5C_6-S_{234}S_6) & S_1(-C_{234}C_5C_6-S_{234}C_6) & S_1(C_{234}S_5) & S_1(C_{234}L_5+C_{23}L_4 \\
+C_1S_5C_6 & -C_1S_5S_6 & -C_1C_5 & +C_2L_2) \\
S_{234}C_5C_6+C_{234}S_6 & -S_{234}C_5C_6+C_{234}C_6 & S_{234}S_5 & S_{234}L_5+S_{23}L_4+S_2L_2 \\
0 & 0 & 0 & 1
\end{bmatrix}
\tag{5-70}
$$

為了簡便，將式(5-70) 中的矩陣表示為［RHS］。這樣可令服務機器人期望位姿為：

$$
{}^{R}\boldsymbol{T}_{H}=\begin{bmatrix} n_x & o_x & a_x & p_x \\ n_y & o_y & a_y & p_y \\ n_z & o_z & a_z & p_z \\ 0 & 0 & 0 & 1 \end{bmatrix}
\tag{5-71}
$$

為了解耦，從$\boldsymbol{A}_{n}^{-1}$ 開始，用$\boldsymbol{A}_{1}^{-1}$ 左乘上述兩個矩陣，得到：

$$
\boldsymbol{A}_1^{-1}\times\begin{bmatrix} n_x & o_x & a_x & p_x \\ n_y & o_y & a_y & p_y \\ n_z & o_z & a_z & p_z \\ 0 & 0 & 0 & 1 \end{bmatrix}=\boldsymbol{A}_1^{-1}[\mathrm{RHS}]=\boldsymbol{A}_2\boldsymbol{A}_3\boldsymbol{A}_4\boldsymbol{A}_5\boldsymbol{A}_6
\tag{5-72}
$$

$$
\begin{bmatrix} C_1 & S_1 & 0 & 0 \\ 0 & 0 & 1 & 0 \\ S_1 & -C_1 & 0 & 0 \\ 0 & 0 & 0 & 1 \end{bmatrix}\times\begin{bmatrix} n_x & o_x & a_x & p_x \\ n_y & o_y & a_y & p_y \\ n_z & o_z & a_z & p_z \\ 0 & 0 & 0 & 1 \end{bmatrix}=\boldsymbol{A}_2\boldsymbol{A}_3\boldsymbol{A}_4\boldsymbol{A}_5\boldsymbol{A}_6
\tag{5-73}
$$

$$
\begin{bmatrix}
n_xC_1+n_yS_1 & o_xC_1+o_yS_1 & a_xC_1+a_yS_1 & p_xC_1+p_yS_1 \\
n_z & o_z & a_z & p_z \\
n_xS_1-n_yC_1 & o_xS_1-o_yC_1 & a_xS_1-a_yC_1 & p_xS_1-p_yC_1 \\
0 & 0 & 0 & 1
\end{bmatrix}=
$$

$$\begin{bmatrix} C_{234}C_5C_6-S_{234}S_6 & -C_{234}C_5C_6-S_{234}C_6 & C_{234}S_5 & C_{234}L_5+C_{23}L_4+C_2L_2 \\ S_{234}C_5C_6+C_{234}S_6 & -S_{234}C_5C_6+C_{234}C_6 & S_{234}S_5 & S_{234}L_5+S_{23}L_4+S_2L_2 \\ -S_5C_6 & S_5S_6 & C_5 & 0 \\ 0 & 0 & 0 & 1 \end{bmatrix} \tag{5-74}$$

根據方程的（3,4）元素，有：

$$p_xS_1-p_yC_1=0\rightarrow\theta_1=\arctan\frac{p_y}{p_x}\text{和}\theta_1=\theta_1+180° \tag{5-75}$$

根據（1，4）元素和（2，4）元素，可得：

$$\begin{aligned} p_xC_1+p_yS_1&=C_{234}L_5+C_{23}L_4+C_2L_2 \\ p_z&=S_{234}L_5+S_{23}L_4+S_2L_2 \end{aligned} \tag{5-76}$$

整理上面兩個方程並對兩邊平方，然後將平方值相加，得：

$$\begin{aligned} (p_xC_1+p_yS_1-C_{234}L_5)^2&=(C_{23}L_4+C_2L_2)^2 \\ (p_z-S_{234}L_5)^2&=(S_{23}L_4+S_2L_2)^2 \end{aligned} \tag{5-77}$$

$$(p_xC_1+p_yS_1-C_{234}L_5)^2+(p_z-S_{234}L_5)^2=L_2^2+L_4^2+2L_2L_4(S_2S_{23}+C_2C_{23})$$

根據三角函數方程，可得：

$$S_2S_{23}+C_2C_{23}=\cos[(\theta_2+\theta_3)-\theta_2]=\cos\theta_3 \tag{5-78}$$

於是：

$$C_3=\frac{(p_xC_1+p_yS_1-C_{234}L_5)^2+(p_z-S_{234}L_5)^2-L_2^2-L_4^2}{2L_2L_4}$$

已知：

$$S_3=\pm\sqrt{1-C_3^2} \tag{5-79}$$

於是可得：

$$\theta_3=\arctan\frac{S_3}{C_3} \tag{5-80}$$

根據式(5-78）矩陣的（3,3）元素，可得：

$$-S_{234}(C_1a_x+S_1a_y)+C_{234}a_z=0\rightarrow$$

$$\theta_{234}=\arctan\frac{a_z}{C_1a_x+S_1a_y}\text{和}\theta_{234}=\theta_{234}+180° \tag{5-81}$$

由此可計算 S_{234} 和 C_{234}，如前面所討論過的，它們可用來計算 θ_3。

現在再參照式(5-81)，並在這裏重複使用它就可計算角 θ_2 的正弦和餘弦值，具體步驟如下：

$$\begin{aligned} p_xC_1+p_yS_1&=C_{234}L_5+C_{23}L_4+C_2L_2 \\ p_z&=S_{234}L_5+S_{23}L_4+S_2L_2 \end{aligned} \tag{5-82}$$

由於 $C_{12}=C_1C_2-S_1S_2$ 以及 $S_{12}=S_1C_2+C_1S_2$，可得：

$$\begin{cases} p_xC_1+p_yS_1-C_{234}L_5=(C_2C_3-S_2S_3)L_4+C_2L_2 \\ p_z-S_{234}L_5=(S_2C_3+C_2S_3)L_4+S_2L_2 \end{cases} \quad (5\text{-}83)$$

上面兩個方程中包含兩個未知數，求解 C_2 和 S_2，可得：

$$\begin{cases} S_2=\dfrac{(C_3L_4+L_2)(p_z-S_{234}L_5)-S_3L_4(p_xC_1+p_yS_1-C_{234}L_5)}{(C_3L_4+L_2)^2+S_3^2L_4^2} \\ C_2=\dfrac{(C_3L_4+L_2)(p_xC_1+p_yS_1-C_{234}L_5)+S_3L_4(p_z-S_{234}L_5)}{(C_3L_4+L_2)^2+S_3^2L_4^2} \end{cases}$$

這個方程的所有元素都是已知的，計算得到：

$$\theta_2=\arctan\frac{(C_3L_4+L_2)(p_z-S_{234}L_5)-S_3L_4(p_xC_1+p_yS_1-C_{234}L_5)}{(C_3L_4+L_2)(p_xC_1+p_yS_1-C_{234}L_5)+S_3L_4(p_z-S_{234}L_5)} \quad (5\text{-}84)$$

可得：$$\theta_{234}=\arctan-\frac{a_xC_1+a_yS_1}{a_z} \text{和} \theta_{234}=\theta_{234}+\pi \quad (5\text{-}85)$$

既然 θ_2 和 θ_3 已知，進而可得：

$$\theta_4=\theta_{234}-\theta_2-\theta_3 \quad (5\text{-}86)$$

因為式(5-85) 中的 θ_{234} 有兩個解，所以 θ_4 也有兩個解。

由方程的 (1,3) 和 (2,3) 元素可得：

$$\begin{cases} S_5=C_{234}(C_1a_x+S_1a_y)+S_{234}a_z \\ C_5=-C_1a_y+S_1a_x \end{cases} \quad (5\text{-}87)$$

$$\theta_5=\arctan\frac{C_{234}(C_1a_x+S_1a_y)+S_{234}a_z}{S_1a_x-C_1a_y} \quad (5\text{-}88)$$

用 A_5 逆左乘式(5-88) 對它解耦，得到：

$$\theta_6=\arctan\frac{-S_{234}(C_1n_x+S_1n_y)+C_{234}n_z}{-S_{234}(C_1o_x+S_1o_y)+C_{234}o_z} \quad (5\text{-}89)$$

至此找到了 6 個方程，根據它們可以解出將服務機器人放於任何位姿時各關節需要旋轉的角度。這種方法不僅適用於本書所研究的服務機器人，也可採取類似的方法來分析處理其他服務機器人。

路徑定義為服務機器人構型的一個特定序列，並不考慮服務機器人構型的時間元素。如果一個服務機器人從 A 點運動到 B 點然後再運動到 C 點，那麼這些中間的構型序列就構成了一條路徑。而軌跡則與何時到達路徑中的每個部分有關，關注的是時間元素。因此，不論服務機器人何時到達 B 點和 C 點，其路徑總是一樣的，而經過路徑的每個部分的快慢不同，軌跡也就不同。因此，即使服務機器人經過相同的點，但在一個給定的時刻，服務機器人在其路徑上和在軌跡上的點也是不同的。軌跡依賴速度和加速度，如果服務機器人到達 B 點和 C 點的時間不同，則相應的軌跡也不相同。

本章介紹了服務機器人的運動學，包括底盤運動和機械臂的空間運動，服務機器人座標系統、座標變換以及傳感器的相關知識，可以讓讀者輕松地瞭解服務機器人運動學。本章還提供了底盤構建和機械臂運動的實例，將理論與實際相結合，以給讀者關於服務機器人項目設計構想的啓發。本章的理論部分，也為後續的上層控制打下基礎。

參考文獻

[1] 陳萬米，等．服務機器人控制技術[M]. 北京：機械工業出版社，2017.

[2] 徐昱琳，楊永煥，李昕，等．基於雙目視覺的服務機器人仿人機械臂控制[J]. 上海大學學報．自然科學版．2012，18(5): 506-512.

[3] 李昕，劉路．基於視覺與 RFID 的機器人自定位抓取算法[J]. 計算機工程，2012，38(23): 158-165.

[4] Paletta L，Frintrop S，Hertzberg J. Robust localization using context in omni-directional imaging [C]. IEEE Internation Conference on Robotics and Automation，2001:2072-2077.

[5] 原魁，路鵬，鄒偉．自主移動機器人視覺信息處理技術研究發展現狀[J]. 高技術通訊，2008，(01): 104-110.

[6] Stuckler J，Holz D，Behnke S. RoboCup @Home:demonstrating everyday manipulation skills in RoboCup@Home[J]. IEEE Robotics and Automation Magazine，2012，19 (2): 34-42.

[7] Madonick，N. Improved CCDs for Industrial Video. Machine Design. April 1982: 167-172.

[8] 孫富春，等．服務機器人學導論[M]. 北京：電子工業出版社，2013.

第6章

服務機器人的路徑規劃

路徑規劃是機器人研究領域的一個重要分支，它指的是在存在障礙物的環境當中，機器人根據自身的任務，能夠按照一定的評價標準（如時間最短、路徑最短、耗能最少等），尋找出一條從起始狀態（包括位置及姿態）到目標狀態（包括位置及姿態）的無碰撞最優或次優路徑。

路徑規劃問題定義如下：設 B 為一機器人系統，這一系統共具有 K 個自由度，並假設 B 在一個二維或三維空間 V 中，在一組幾何性質已為該機器人系統所知的障礙物中，可以無碰撞運動。這樣，對於 B 的路徑規劃問題為：在空間 V 中，給定 B 的一個初始位姿 Z_1 和一個目標位姿 Z_2 以及一組障礙物，尋找一條從 Z_1 到 Z_2 的連續的避碰的最優路徑，若該路徑存在，則規劃出這樣一條運動路徑。路徑規劃需解決以下 3 個問題[1]。

① 使機器人能夠從初始點運動到目標點。

② 用一定的算法使機器人能夠繞開障礙物並且經過某些必須經過的點。

③ 在完成上述任務的前提下盡量優化機器人運行軌跡。

機器人的路徑規劃問題可以看作是一個帶約束條件的優化問題。當機器人處於簡單或複雜、靜態或動態、已知或未知的環境中時，其路徑規劃問題的研究內容包括環境信息的建模、路徑規劃、定位和避障等具體任務。路徑規劃是為機器人完成長期目標服務的，因此路徑規劃是機器人的一種戰略性問題求解能力。同時，作為自主移動機器人導航的基本環節之一，路徑規劃是完成複雜任務的基礎，規劃結果的優劣直接影響到機器人動作的實時性和準確性，規劃算法的運算複雜度、穩定性也間接影響機器人的工作效率。因此，路徑規劃是機器人高效完成作業的前提和保障，對路徑規劃進行研究，將有助於提高智能機器人的感知、規劃以及控制等高層次能力[2]。

6.1 服務機器人的路徑規劃分類

機器人路徑規劃的分類方式有很多，主要包括以下幾種[3]。

① 根據外界環境中障礙物是否移動，可以分為環境靜止不變的靜態規劃和障礙物運動的動態規劃。

② 根據目標是否已知，可以分為空間搜索和路徑搜索。

③ 根據機器人所處環境的不同，可以分為室內規劃和室外規劃。

④ 根據規劃方法的不同，可以分為精確式規劃和啓發式規劃。

⑤ 根據機器人系統中可控制的變量的數目是否少於其姿態空間維數，可以分為非完整系統的運動規劃和完整系統的路徑規劃。

⑥ 根據對外界信息的已知程度，可以分為環境信息已知的全局路徑規劃（又稱靜態或離線路徑規劃）和環境信息位置或部分已知的局部路徑規劃（又稱動態或在線路徑規劃）。

6.1.1 離線路徑規劃

當對外界環境全部已知時，機器人將進行全局的路徑規劃。由於外界環境全部已知，故機器人的路徑規劃可以在完全離線的狀態下進行。在執行任務之前，機器人可以根據已知的環境信息規劃出一條從起始點到終點的最優運動路徑，路徑規劃的精確程度取決於所獲取的信息的準確程度。離線路徑規劃包括環境建模以及路徑搜索兩個子問題，該路徑規劃方法過程主要分為以下 3 個環節。

① 利用相關環境建模技術劃分環境空間。

② 形成包含環境空間信息的搜索空間。

③ 搜索空間上應用各種搜索策略進行搜索。

在預先知道準確的全局環境信息的前提下，離線路徑規劃可以尋找最優解，但其計算量大、實時性差，不能較好地適用於動態非確定環境。其主要方法包括柵格法、自由空間法、可視圖法和拓撲法等。

（1）柵格法

柵格法的基本思想是將機器人的工作空間分解成一系列具有二值信息的網格單元，該網格單元即被稱為柵格。每個柵格都由固定的值 1 或者 0 來表示，不同的數值用以表明該柵格是否存在障礙物。完成環境建模以後，可以利用搜索算法在地圖上搜索一條從起始柵格到目標柵格的路徑。

（2）自由空間法

該方法採用結構空間描述機器人所處的環境，將機器人縮小成點，將其周圍的障礙物及邊界按照比例相應地擴大，使得機器人能夠在自由空間中移動到任意一點，並且不會與障礙物及其邊界發生碰撞。採用自由空間法進行路徑規劃，需使用預先定義的廣義錐形或凸多邊形等基本形狀構建自由空間，具體方法為從障礙物的一個頂點開始，依次作與其他頂點的連接線，使得連接折線與障礙物邊界所圍成的空間為面積最大的凸多邊形。取各連接線段的中點，用折線依次連接到的網絡即為機器人的可行路徑。最後，通過一定的搜索策略得到最終的規劃路徑。自由空間法比較靈活，起始點和目標點的改變不會對連通圖造成重構，可以實現對網絡圖的維護；但其缺點為障礙物密集的環境當中，該方法可能會失效，且有時不能保證得到最短路徑。自由空間法適用於精度要求不高、機器人移動速度較慢的場合。

(3) 可視圖法

可視圖法是一種基於幾何建模的路徑規劃方法，其將機器人視為一點，並利用機器人的起始點、終點以及各障礙物的頂點構造可視圖。具體方法為：將這些點進行連接，使某點與周圍的某可視點相連，這樣可保證相連的兩點間不存在障礙物和邊界，即直線是可視的。此時，機器人的路徑變為點之間的不與障礙物相交的連接線段，再利用某種搜索算法從中尋求最優路徑。由於可視圖中的路線都是無碰撞路徑，因此可確保機器人能夠躲避障礙，搜索最優路徑的問題即轉化為從起始點到目標點經過這些可視直線的最短距離問題。該法可以尋求最短路徑，但是缺乏靈活性，當機器人的起點和目標點發生改變時，需重新構造可視圖。

(4) 拓撲法

拓撲法將規劃空間分割成具有拓撲特徵子空間，根據彼此的連通性建立拓撲網絡，在網絡上尋找從起始點到目標點的拓撲路徑，最終由拓撲路徑求出幾何路徑。拓撲法的基本思想是降維法，即將在高維幾何空間中求路徑的問題轉化為在低維拓撲空間中辨別連通性的問題。其優點在於利用拓撲特徵大大縮小了搜索空間，算法的複雜度僅依賴於障礙物的數目，理論上是完備的，而且拓撲法通常不需要機器人的準確位置，對於位置誤差也就有了更好的魯棒性。缺點是建立拓撲網絡的過程非常複雜，特別是當增加障礙物時，如何有效地修正已經存在的拓撲網絡以及如何提高圖形速度是有待解決的問題[4]。

6.1.2 在線路徑規劃

當機器人對自身所處的環境信息部分已知或完全未知時，就無法採用離線的方法。此時機器人需利用自身攜帶的傳感器對環境進行探索，並對傳感器反饋得到的信息進行進一步的分析處理，以便進行實時的路徑規劃，即在線路徑規劃，所以該方法也稱為基於傳感器信息的局部路徑規劃。未知環境下的機器人路徑規劃問題包括機器探索、機器發現、機器學習的智能行為過程，在硬件設備（包括移動機器人平臺、傳感器設備、定位系統等）充分保證的情況下，機器人被賦予在沒有預先環境信息的狀況下從環境中給定的出發點觸發，最終到達目標點的任務。在這一任務中，機器人的探索、發現是由傳感器設備完成的，機器人對環境信息的學習和掌握是依靠指導其行為的算法過程實現的。考慮到大多數情況下，人類無法到達機器人的工作區域，由機器人利用傳感器自主創建地圖並進行在線的路徑規劃無疑將具有更廣闊的應用前景[5]。

在線規劃也即局部路徑規劃，局部路徑規劃側重考慮機器人探知的當前局部環境信息，這使機器人具有良好的避障能力。此外，與離線規劃方法相比，在線路徑規劃具有實時性和實用性，對動態環境有較強的適應能力，克服了離線規劃的不足之處；但其缺點在於僅依靠局部信息進行判斷，因此有時會產生局部極值點或振盪，使得機器人陷於某範圍而無法順利地到達目標點或是造成大量的路徑冗餘和計算浪費。在線路徑規劃的方法主要包括人工勢場法、模糊邏輯算法、遺傳算法、神經網絡法等。

（1）人工勢場法

該法的基本思想是將機器人在環境當中的運動看作在虛擬人工力場中的運動。其中目標點產生引力勢場，障礙物產生斥力勢場，機器人在該虛擬勢場中沿著合勢場的負梯度方向進行運動即可得到一條規劃路徑。

（2）模糊邏輯算法

該法是在美國波克萊加州大學 L. A. Zadeh 教授於 1965 年創立模糊集合理論的數學基礎上發展起來的。其必須先對傳感器反饋得到的信息進行模糊化處理並輸入模糊控制器，在先驗知識的指導下，模糊控制器根據模糊規則控制機器人的運動。其中，模糊規則是根據現實生活中司機的駕駛經驗得出的。模糊邏輯算法實時性較好，適用於未知環境下的路徑規劃，並且其能夠處理定量要求高、具有很多不確定數據的情況，因此具有很強的適應性。其缺點在於模糊規則難以獲得，需根據先驗知識，故靈活性較差。並且當輸入量較多時，會造成推理規則的急劇膨脹和推理結果的極大不確定。

（3）遺傳算法

該法是根據達爾文進化論以及孟德爾、摩根的遺傳學理論，通過模擬生物進化的機制構造的人工系統。其基本思想是：首先初始化種群內的所有個體，然後進行選擇、交叉、變異等遺傳操作，經過若干代進化之後，輸出當前最優的個體。

（4）神經網絡法

神經網絡是一門新興的交叉學科，興起於 20 世紀 40 年代，它是一種應用類似於大腦神經突觸聯繫的結構進行信息處理的數學模型，目前已經應用到了各領域當中。具體到機器人的路徑規劃問題，其基本思想是將傳感器系統反饋得到的信息作為網絡的輸入量，經過神經網絡控制器處理之後進一步控制機器人的運動，即為神經網絡的輸出。神經網絡需要大量的原始數據樣本集，然後需對其中重複的、衝突的、錯誤的樣本進行剔除後得到最終樣本，對神經網絡不斷訓練以得到滿意的控制器。由於神經網絡是一個高度並行的分布式系統，因此適用於實時性要求較高的機器人系統，其缺點在於難以確定合適的權值。

6.1.3 其他路徑規劃算法

(1) 啓發式搜索算法

啓發式搜索就是在狀態空間中的搜索，指對每一個搜索的位置進行評估，得到最好的位置，再從這個位置進行搜索直到目標。這樣可以省略大量的搜索路徑，提高了效率。在啓發式搜索中，對位置的估價是十分重要的，採用不同的估價可以有不同的效果。

啓發式方法的最初代表是 A* 算法，其新發展是 D* 和 Focussed D*。後兩種是由 Stentz A 提出的增量式圖搜索算法。D* 算法可以理解為動態的最短路徑算法，而 Focussed D* 算法則利用了 A* 算法的主要優點，即使用啓發式估價函數，兩種方法都能根據機器人在移動中探測到的環境信息快速修正和規劃出最優路徑，減少了局部規劃的時間，對於在線的實時路徑規劃有很好的效果。此外，還出現了一些基於 A* 的改進算法，它們一般都是通過修改 A* 算法中的估價函數和圖搜索方向來實現的，可以較大地提高路徑規劃的速度，具有一定的複雜環境自適應能力[6]。

(2) 基於採樣的路徑規劃算法

20 世紀末由美國伊利諾伊大學（UIUC）學者 S. M. LaVane 設計了一種快速擴展隨機樹（Rapidly-exploring Random Tree，RRT），其目的主要是針對高維非凸空間進行搜索。通過快速擴展隨機樹可以得到一組特別的增長形式，而這個增長模式可以大大降低任何一個點與樹之間的期待距離。這種方法比較適用於障礙物與隨機約束而進行的路徑規劃。RRT 以及其優秀的變種 RRT-connect 則是在地圖上每步隨機撒一個點，以迭代生長樹的方式，連接起止點為目的，最後在連接的圖上進行規劃。這些基於採樣的算法速度較快，但是生成的路徑代價較完備的算法高，而且會產生「有解求不出」的情況。這樣的算法一般在高維度的規劃問題中廣泛運用。

(3) 基於行為的路徑規劃算法

基於行為的路徑規劃最具代表性的是 1986 年 Brooks 提出的包容式體系結構，其基本思想是把移動機器人所要完成的任務分解成一些基本的、簡單的行為單元，機器人根據行為的優先級，結合本身的任務綜合做出反應。在基於行為的機器人控制系統中，不同的行為要完成不同的目標，多個行為之間往往產生衝突，因此，涉及行為協調問題。Tyrrell 等人將行為協調機制的實現方法分為兩類：仲裁機制和命令融合機制。仲裁機制在同一時間允許一個行為實施控制，下一時間又轉向另一個行為。它能夠解決在同一時間由於多重行為而使執行器產生衝突的弊端，該方法具有行為模式簡單靈活、實時性、魯棒性強等優點。但當有多種行為模式時，系統做出正確判斷的概率會降低。而命令融合機制允許多個行為都對機器人的最終控制產生作用，這種機制適用於解決典型的多行為問題。該機制在環境未知或發生變化的情況下，能夠快速、準確地規劃機器人路徑。但當障礙物數目增加時，該方法的計算量會增大，影響規劃結果[7]。

在實際的應用當中，面對不同的工作環境、不同的規劃任務、不同性能的機器人，不同的路徑規劃方法取得的效果也不一樣。目前尚無一種規劃方法能適用於所有的外界環境，往往是結合多種規劃方法實現最優的路徑規劃。

6.2 經典路徑規劃方法

科研人員經過幾十年的研究，已經提出了很多種路徑規劃的方法。目前應用較廣的包括以幾何法、柵格建模法、人工勢場法為主的傳統算法，以 A* (A-Star) 算法、D* 算法為主的啓發式搜索算法以及以遺傳算法、神經網絡算法為主的智能仿生算法。本節將對人工勢場法、A* 算法以及遺傳算法做出詳細的介紹。

6.2.1 人工勢場法

人工勢場法 (artificial potential field，APF) 最初由 Khatib 於 1985 年提出，後來成功地應用到了他的博士論文中機械臂的避障運動規劃上，實現了機械臂的實時避障。該法同樣適用於移動機器人的路徑規劃，並常用於多個變量下的移動機器人領域。

人工勢場法引入了物理學中場論的概念，其把移動機器人在環境中的運動視為一種在人工虛擬力場中的運動[8]。其基本思想是目標物產生吸引勢對機器人產生引力作用，而障礙物產生排斥勢對機器人產生斥力作用。吸引勢和排斥勢疊加構成機器人運動的虛擬勢場，勢場的負梯度作為作用在機器人上的虛擬力，也即機器人在引力和斥力的合力下運動，該思想類似於電子在正負電荷產生的電場中的運動，勢場力分析示意圖如圖 6-1 所示。

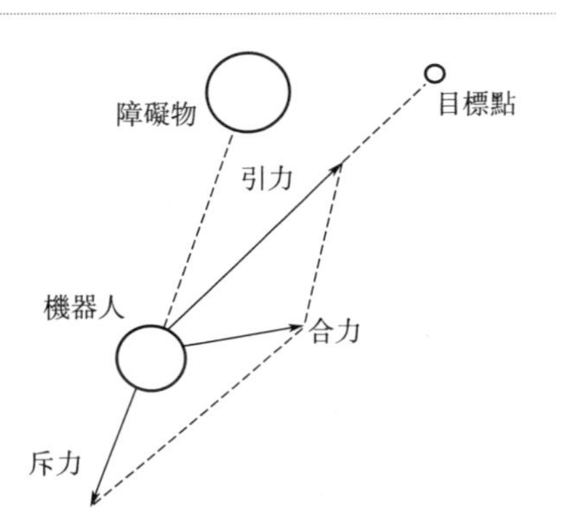

圖 6-1　勢場力分析示意圖

採用人工勢場法來解決機器人的路徑規劃問題，需要首先建立勢場函數解決勢場力，再由勢場力驅動機器人向目標點移動。勢場函數包括多種類型，主要有虛擬力場、牛頓型勢場、圓形對稱勢場、超四次方勢場以及調和場等。無論採取何種類型的勢場函數，都是試圖使障礙物的分布情況及其形狀等信息反映在環境每一點的勢場值當中去。勢場函數由引力勢場函數和斥力勢場函數組成。

假設機器人為一個點，則所得的勢場是二維的（x, y）。並假定一個勢場函數 $U(q)$ 是可微的，則可得到作用於位置 $q=(x, y)$ 的人工力 $F(q)$ 為：

$$F(q) = -\nabla U(q) \tag{6-1}$$

式中　$\nabla U(q)$ ——在位置點 q 處的梯度向量，其方向為 q 處勢場變化率最大的方向。

對於二維空間中的 $q(x, y)$ 有：

$$\nabla U(q) = \begin{bmatrix} \dfrac{\partial U}{\partial x} \\ \dfrac{\partial U}{\partial y} \end{bmatrix} \tag{6-2}$$

(1) 斥力勢場函數的選取

在勢場當中，障礙物產生的勢場對機器人產生排斥作用。當機器人距障礙物越近時，排斥力越大，機器人具有的勢能越大；當機器人距離障礙物越遠時，排斥力越小，機器人具有的勢能越小。這種排斥力在障礙物與機器人之間距離大於一定範圍時應該等於 0。該勢場與電勢場相似，即勢能的大小與距離成反比關係，因此可取斥力勢場函數[8]：

$$U_{\text{rep}}(q)=\begin{cases}\dfrac{1}{2}K_{\text{rep}}\left(\dfrac{1}{\rho(q)}-\dfrac{1}{\rho_0}\right)^2 & \rho(q)\leqslant\rho_0\\ 0 & \rho(q)>\rho_0\end{cases} \tag{6-3}$$

式中　$U_{\text{rep}}(q)$ ——排斥勢位；

K_{rep}——正比例因子；

$\rho(q)$——q 點到物體的最短距離；

ρ_0——物體的影響距離。

當 q 點越接近障礙物時，排斥勢位趨於無窮大。因此可得排斥力 F_{rep}：

$$\begin{aligned}F_{\text{rep}}(q)&=-\nabla U_{\text{rep}}(q)\\&=\begin{cases}K_{\text{rep}}\left(\dfrac{1}{\rho(q)}-\dfrac{1}{\rho_0}\right)\dfrac{1}{\rho^2(q)}\dfrac{q-q_{\text{obstacle}}}{\rho(q)} & \rho(q)\leqslant\rho_0\\ 0 & \rho(q)>\rho_0\end{cases}\end{aligned} \tag{6-4}$$

(2) 引力勢場函數的選取

在勢場當中，目標物產生的勢場對機器人產生引力作用。當機器人距離目標物越遠時，吸引力作用越大；當距離越小時，吸引力就越小，而當距離為零時，機器人的勢能為 0，此時機器人抵達終點。該性質與彈性勢能相似，彈性勢能與距離的平方成正比，因此可取吸引勢函數：

$$U_{\text{att}}(q)=\frac{1}{2}K_{\text{att}}\rho_{\text{goal}}^2(q) \tag{6-5}$$

式中　$U_{\text{att}}(q)$——吸引勢位；

K_{att}——正比例因子；

$\rho_{\text{goal}}(q)$——q 點到目標物的距離。

因此，可得吸引力 F_{att}：

$$\begin{aligned}F_{\text{att}}(q)&=-\nabla U_{\text{att}}(q)\\&=-K_{\text{att}}\rho_{\text{goal}}(q)\nabla\rho_{\text{goal}}(q)\\&=-K_{\text{att}}(q-q_{\text{goal}})\end{aligned} \tag{6-6}$$

(3) 全局勢場的生成

全局勢場可由斥力勢場和引力勢場的和得到，應用疊加原理可得全局勢場 $U(q)$ 為：

$$U(q)=U_{\text{att}}(q)+U_{\text{rep}}(q) \tag{6-7}$$

合力的計算公式為：

$$F(q)=-\nabla U(q)=-\nabla U_{\text{att}}(q)-\nabla U_{\text{rep}}(q)=F_{\text{att}}(q)+F_{\text{rep}}(q) \quad (6\text{-}8)$$

人工勢場法的優點在於其結構簡單、易於實現，便於底層的實時控制。在理想條件下，通過設置一個正比於場力向量的機器人速度向量，與球繞過障礙物向山下滾動一樣，可得到平滑的運動路徑。並且由於斥力場的作用，機器人總是會遠離障礙物的勢場範圍，因此其路徑也是安全的。同時，系統的路徑生成與控制直接與環境實現了閉環，從而大大加強了系統的適應性和避障性能。

但是人工勢場法也具有其局限性。在實際的應用當中，其主要問題在於當環境信息相對複雜時，機器人以某種特殊的運動狀態位於目標物與障礙物所形成的特殊位置時，機器人將不能順利抵達目標點，這些問題主要描述如下。

(1) 全局最小值問題

如圖 6-2 所示，在目標點周圍存在障礙物，當機器人逐漸向目標點靠近時，會進入障礙物影響範圍之內。此時，機器人距離目標點越近，其受到的引力越大，而機器人距離障礙物越近時，其受到的排斥力也會急劇增大。在該情形下，目標點不是全局總勢場的最低點，機器人也將無法抵達目標點，此為人工勢場法的目標不可達問題。

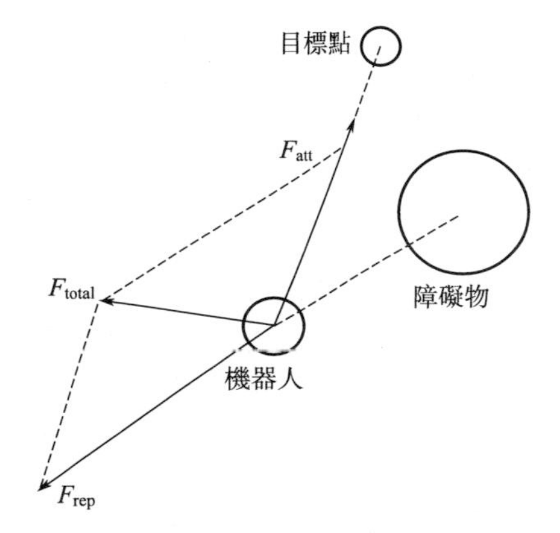

圖 6-2 全局最小值問題分析示意圖

(2) 局部極小值問題

如圖 6-3 所示，當目標點對機器人產生的吸引力以及障礙物對機器人的排斥力正好大小相等方向相反時（即引力與斥力所形成的合力為零時），機器人會誤以為已經抵達目標點，就此停滯不前或徘徊，最終不能抵達目標點。

(3) 路徑震盪問題

同樣是在機器人所受合力為零的情況下，但此時機器人的速度沒有減少到零，因此機器人在慣性的作用下會繼續向前移動。離開合力為零點之後，機器人受到排斥力的作用，速度逐漸減小為零後開始向後運動。如此循環往復，機器人會在障礙物面前產生震盪現象，將不能抵達目標點。

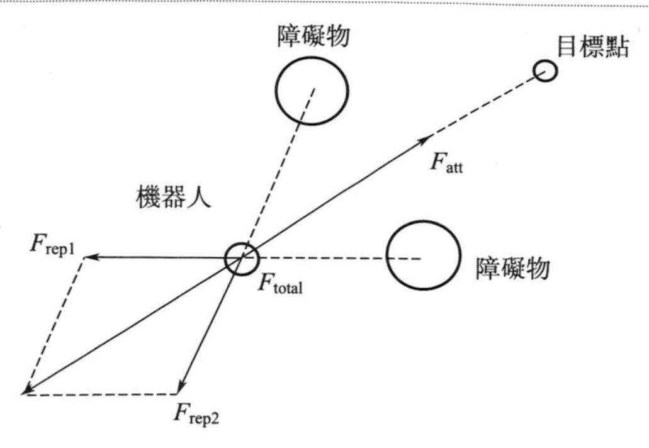

圖 6-3　局部極小值問題分析示意圖

6.2.2 A* 算法

在人工智能研究領域中，有一類叫作問題求解或問題求解智能體。它是以符號和邏輯為基礎，在智能體不存在單獨的行動來解決問題的時候，將如何找到一系列行動使其到達目標位作為研究內容。移動機器人的路徑規劃問題就是問題求解或問題求解智能體其中之一，這類問題的解決辦法通常採用搜索算法。

用算法求解問題一般都是採用狀態空間搜索，即在狀態空間中尋找一個合適的解來解決問題。常用的狀態空間搜索主要有兩大類：一類是無信息搜索（uninformed search）；另一類是啓發式搜索（heuristic search）。啓發式搜索和無信息搜索最大的區別就是引入了啓發信息。在啓發式搜索中，對狀態空間中的節點需要通過估價函數對其進行估價，進而利用啓發信息選擇可能取得更好估價值的節點進行拓展，這樣就避免了無信息搜索中過多的無效搜索，極大地提高了搜索效率，減少了計算量。

Dijkstra 算法是一種單源性質的最優化算法形式，該算法主要是用來計算某一個節點與其他所有節點之間的最短距離。其特色就是以起始點為出發點，然後向著四周進行層層擴散，直到達到終點位置。該算法形式是以物體的起始位置為出發點對地圖中的節點進行查詢。這種算法通過對節點集中的點進行迭代式檢查，進而可以將附近的尚沒有經過檢查的點加入節點集。這樣的節點集可以構成以起始點為出發點然後直到最終的目標點的所有節點。這種算法總是可以找到這樣的最優化路徑，但是前提是對於所有的邊都存在一個非負的代價值。

最佳優先搜索（BFS）算法與 Dijkstra 算法形式有著某種相似的地方，而所差異的部分主要是集中在這種算法側重分析所處結點與目標點之間所付出的代價大小。它不是選取離初始點最近的位置，而是偏向性選取趨向目標點附近的位置。該算法的缺點是可能無法尋找到最優路徑。不過該算法在速度上有明顯提升，畢竟它僅僅利用了單一的啓發式函數就可以實現目的。

A^*（A-Star）算法是 P. E. Hart、N. J. Nilsson 和 B. Raphael 等人在1968年綜合 Dijkstra 算法和 BFS 算法的優點而提出來的一種非常有效的啓發式路徑搜索算法。A^* 算法的基本思想是把到達節點的代價 $g(n)$ 和從該節點到目標節點的代價 $h(n)$ 結合起來對節點進行評價。

$$f(n)=g(n)+h(n) \tag{6-9}$$

式中 $f(n)$——從初始狀態經由狀態 n 到目標狀態的代價估計；

$g(n)$——在狀態空間中從初始狀態到狀態 n 的實際代價；

$h(n)$——從狀態 n 到目標狀態的最佳路徑的估計代價。

注意：對於路徑搜索問題，狀態就是圖中的節點，代價就是距離。

$h(n)$ 在評價函數中起關鍵性作用，決定了 A^* 算法效率的高低。若 $h(n)$ 為0，那麼就只是 $g(n)$ 有效果，A^* 算法就成為 Dijkstra 算法，這樣就能夠尋找到最短路徑。若 $h(n)$ 的預算代價小於節點到目標的真實代價，那麼此時 A^* 算法同樣可以達到搜索出最優路徑的目的。如果 $h(n)$ 越小，那麼 A^* 算法經過擴展得到的結點就會增加，此時的運行速率就會降低。若 $h(n)$ 的預算距離精確到與某一節點到目標點之間的真實代價相等，那麼此時 A^* 算法就可以更快尋找到最佳路徑，同時其也不會進行額外拓展，此時的速率將達到最快。若 $h(n)$ 所付出的代價是要高於某一節點與目標點，那麼此時可能就無法尋找到最佳路徑，但是速率提升了。而另一種情況是，若 $h(n)$ 比 $g(n)$ 大很多，此時 $g(n)$ 的作用基本被忽略，那麼算法就變成了 BFS 算法。在路徑規劃中，我們通常用曼哈頓（Manhattan）距離或者歐式（Euclid）距離來預估費用[9]。

A^* 算法的具體步驟如下。

第一步：假設起始節點是 A，目標節點是 B，初始化 open list 和 close list 兩個表，把起始節點 A 放入 open list 中。

第二步：查找 open list 中的節點，假如 open list 為空，那麼失敗退出，說明沒有找到路徑。

第三步：假如 open list 不是空的，從 open list 中取出 F 值最小的節點 n，同時放入 close list 中。

第四步：查看 n 是不是目標節點 B。如果是，則成功退出，搜索到最優路徑；如果不是，就轉到第五步。

第五步：判斷 n 節點是否有子節點，若無則轉到第三步。

第六步：搜索 n 節點所有子節點，計算 n 的每一個子節點 m 的 $F(m)$。

① 假如 m 已經在 OPNE 表中，則對剛剛計算的 $F(m)$ 新值和在表中的 $F(m)$ 舊值進行比較。如果新值小，說明找到一條更好的路徑，則以新值代替表中的舊值。修改這個節點的父指針，將它的父指針指向當前的節點 n。

② 假如 m 在 open list 中，則將節點 m 和它的子節點剛剛算出的 F 新值和它們以前計算的 F 舊值進行比較。如果新值小，說明找到一條更好的路徑，則用新值代替舊值。修改這些節點的父指針，把它們的父指針指向 F 值小的節點。

③ 假如 m 既不在 open list 也不在 close list，就把它加入 open list 中。接著給 m 加一個指向它的父節點 n 的指針。最後找到目標節點之後可以根據這個指針一步一步查找回來，得出最終的路徑。

第七步：跳到第三步，繼續循環，直到搜索出路徑或者找不到退出為止。

A^* 算法的基本程序流程如圖 6-4 所示。

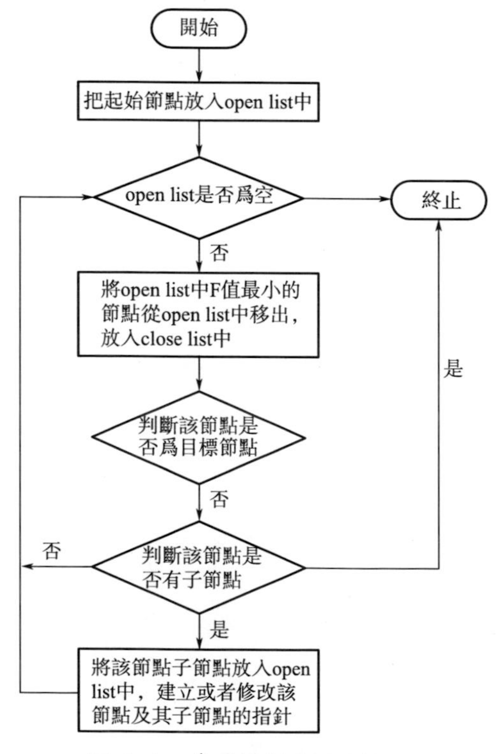

圖 6-4 A^* 算法基本程序流程

A* 算法規劃時使用柵格法相當於將移動機器人的工作環境模擬成為柵格地圖，從而對移動機器人工作空間進行數學模型構建。根據移動機器人車體的大小，在柵格地圖的構建中，先設定單個網格的邊長 R，邊長被固定後，每一個網格的面積即為 $W=R^2$。同時由於在每一個柵格上記錄著機器人的移動情況以及障礙信息，因此柵格的屬性也被確定。假設障礙物存在於某一柵格內，則此柵格被定義為障礙柵格，若任一柵格之中沒有任何的障礙物，那麼這樣的柵格就是自由柵格，那麼此時機器人就能夠通過柵格。當柵格之中存在障礙物時，不管是否有障礙物占據整個柵格，那麼此時都應該依據障礙物的柵格來進行區分。

這裏以一個例子加以說明，如圖 6-5 所示，在一個平面二維地圖中假設機器人要從 A 點移動到 B 點，但是兩點之間被一個障礙物堵住，我們這裏以一個方格中心點構成一個「節點」，利用 A* 算法規劃路徑如下。

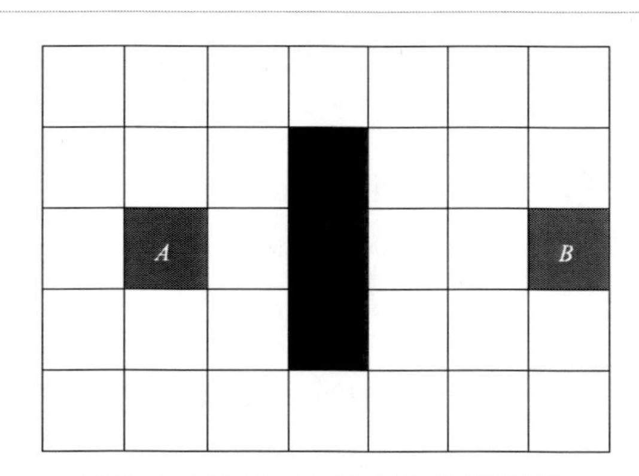

圖 6-5　簡單的 A 到 B 的路徑規劃問題

· (1) 開始搜索

從起點 A 開始，並把它加入一個由節點組成的 open list（開放列表）中。open list 是一個待檢查的節點列表。查看與起點 A 相鄰的方格（忽略其中障礙物所占領的方格），把其中可走或可到達的節點也加入 open list 中。把起點 A 設置為這些方格的父節點。把 A 從 open list 中移除，加入 close list（封閉列表）中，close list 中的每個節點都是現在不需要再關注的，搜索到與 A 相鄰的節點，分別記錄每個節點的 F、G 和 H，如圖 6-6 所示。

本例橫向和縱向的移動代價 G 為 10，對角線的移動代價 G 為 14（勾股定理斜邊距離取整）。H 為從指定的節點移動到終點 B 的估算成本，這裏採用 Manhattan 估價函數，計算當前節點橫向或者縱向移動到達目標所經過的節點數（忽略對角移動），相鄰節點距離為 10。

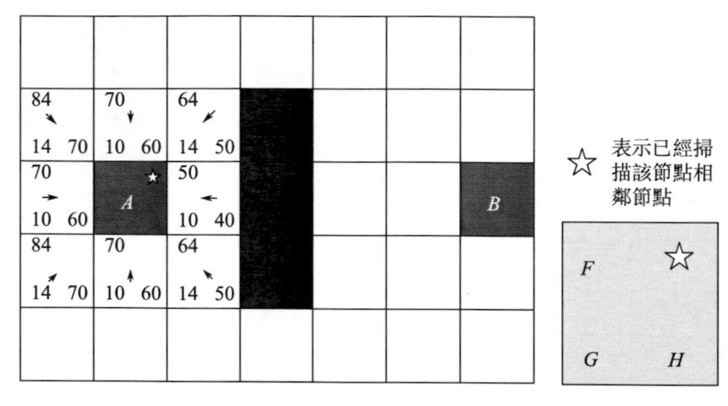

圖 6-6 起點搜索所有相鄰的節點

（2）循環搜索直至結束

為了繼續搜索，我們從 open list 中取出 F 值最小的節點（A 節點右側節點），將其放入 close list 中。搜索該節點所有可達的相鄰節點，該節點可達的所有節點均已存在 open list 中且 G 值比已保存的值大，所以不做任何操作。

在 open list 中繼續選擇 F 值最小的節點，若有多個節點 F 值相同，選擇最後加入 open list 的那個節點，這裏選擇 A 節點右下角節點，搜索並刷新後如圖 6-7 所示。

注意：障礙物及其靠近其旁側的節點不可對角穿越（可能發生碰撞）。

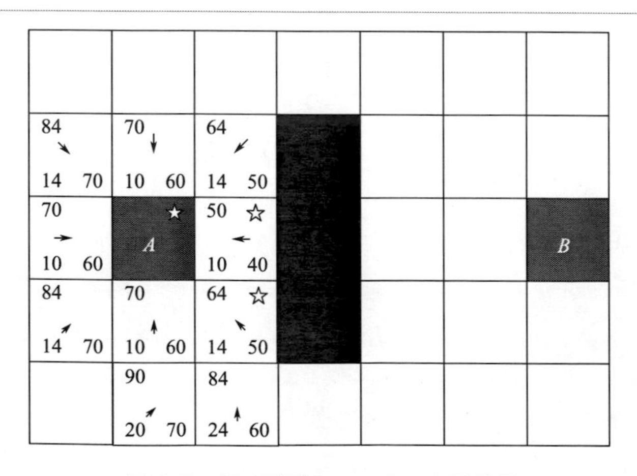

圖 6-7 循環搜索 open list 中的節點

按 F 值大小順序搜索 open list 中的節點的相鄰節點，直至搜索到目標節點 B 停止，如圖 6-8 所示。

118 28 90	104 24 80	94 20 70	84 24 60				
104 24 80	84 ☆ 14 70	70 ☆ 10 60	64 ☆ 14 50				
98 20 70	70 ☆ 10 60	★ *A*	50 ☆ 10 40		92 72 20	78 68 10	*B*
104 24 80	84 ☆ 14 70	70 ☆ 10 60	64 ☆ 14 50		84 54 30	78 ☆ 58 20	78 68 10
118 28 90	104 24 80	90 20 70	84 ☆ 24 60	84 ☆ 34 50	84 ☆ 44 40	84 54 30	92 72 20
		118 38 80	104 34 70	98 38 60	98 48 50	98 58 40	

*B*節點

72 72 0

圖 6-8　搜索到目標節點結束

(3) 保存路徑

從終點開始，每個節點沿著父節點移動直至起點，這就是規劃好的路徑，如圖 6-9 所示。

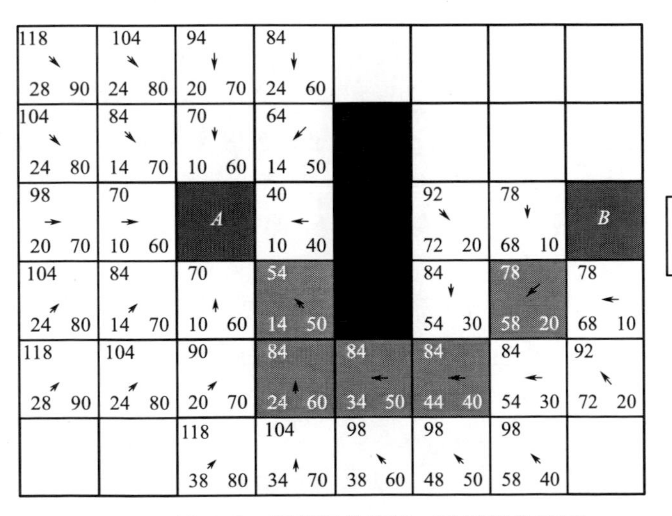

圖 6-9　規劃好的路徑（陰影部分所示）

因為 $g(n)$ 給出了從起始節點到節點 n 的路徑代價，而 $h(n)$ 給出

了從節點 n 到目標節點的最低代價路徑的估計代價值，因此 $f(n)$ 就是經過節點 n 到目標節點的最低代價解的估計代價。因此，如果想要找到最低代價解，首先嘗試找到 $g(n)+h(n)$ 值的最小節點是合理的，並且，倘若啓發函數 $h(n)$ 滿足一定的條件，則 A^* 搜索既是完備的又是最優的重新規劃從當前位置到目標點的路徑。如此循環直至機器人到達目標點或者發現目標點不可達。但如果機器人在動態環境或者未知環境中運動的時候，機器人很可能非常頻繁地遇到當前探測環境信息和先驗環境信息不匹配的情形，這就需要進行路徑再規劃，重新規劃算法仍然是一個從當前位置到目標點的全局搜索的過程，運算量較大，在重新規劃期間，機器人或者選擇停下來等待新的生成路徑，或者按照錯誤的路徑繼續運動，因此，快速的重新規劃算法是非常重要的[10]。

6.2.3 遺傳算法

遺傳算法是一類借鑒生物界自然選擇和自然遺傳機制的隨機搜索算法，達爾文的自然選擇學說是遺傳算法發展的基礎。其最初是在 20 世紀 60 年代末期到 70 年代初期由美國 Michigan 大學的 John Holland 提出的。該方法是 John Holland 與其同事、學生在細胞自動機研究過程中，從自然複雜中生物的複雜適應過程入手，模擬生物進化機制而構造的人工系統模型。20 世紀 70 年代，De Jong 基於遺傳算法的思想在計算機上進行了大量的純數值函數優化計算實驗。20 世紀 80 年代由 Goldberg 進行歸納總結，形成了遺傳算法的基本框架。在隨後的幾十年當中，遺傳算法得到了極大的發展，特別是進入 20 世紀 90 年代以後，遺傳算法迎來了興盛發展時期，無論是理論研究還是應用研究都成了十分熱門的課題。目前遺傳算法已經被廣泛地應用於機器人系統、神經網絡學習過程、模式識別、圖像處理、工業優化控制、自適應控制、遺傳學以及社會科學等領域。

由於遺傳算法是由進化論和遺傳學機理而發展起來的搜索算法，所以該算法會涉及一些生物遺傳學當中的術語，現簡要介紹如下[11]。

① 染色體。細胞內具有遺傳性質的遺傳物質深度壓縮形成的聚合體，是遺傳信息的主要載體。

② 遺傳因子。即基因，是具有遺傳效應的 DNA 片段，也是控制生物形狀的基本遺傳單位。

③ 個體。染色體帶有特徵的實體。

④ 種群。染色體帶有特徵的個體的集合，是進化的基本單位。

⑤ 進化。生物以種群的形式，逐漸適應期生存環境，使其品質不斷得到改良的生命現象，其實質是種群基因頻率的改變。

⑥ 適應度。表示個體對環境的適應程度，對生存環境適應程度比較高的物種將獲得更多的繁衍機會，而對生存環境適應程度比較低的物種將獲得較少的繁衍機會，甚至會逐漸滅絕。

⑦ 選擇。生物在生存鬥爭中適者生存、不適者被淘汰的現象。

⑧ 複製。由親代 DNA 合成兩個相同子代 DNA 的過程。

⑨ 交叉。有性生殖生物在繁殖下一代時兩個同源染色體之間通過交叉而重組，亦即在兩個染色體的某一個相同位置處 DNA 被切斷，其前後兩串分別交叉組合形成兩個新的染色體，該過程又被稱為基因重組。

⑩ 變異。親子之間以及子代個體之間性狀表現存在的差異的現象，可分為基因重組、基因突變和染色體畸變。

⑪ 編碼。DNA 中遺傳信息在一個長鏈上按照一定的模式排列，也即進行了遺傳編碼。遺傳編碼可看作為從表現型到遺傳子型的映射。

⑫ 解碼。從遺傳子型到表現型的映射。

遺傳算法的基本操作包括選擇、交叉和變異，該算法利用這些遺傳操作來編寫控制機構的計算程序，用數學方式對生物進化的過程進行模擬。遺傳算法的運行過程是一個不斷迭代的過程，它從一個具有潛在解集的初始種群開始，利用自然遺傳學的遺傳算子進行交叉、變異，不斷繁殖下一代種群。對於每一代新繁殖的種群，將根據個體的適應度，按照優勝劣汰以及適者生存的原則對種群個體進行篩選，這樣逐代演化便可產生更好的近似解。該過程通過模擬自然進化過程得到的後生種群將會比前代種群更加適應於環境，將末代種群中的最優個體進行解碼即可得到問題近似的最優解。基本遺傳算法的主要操作步驟如下。

第一步：指定編碼、解碼策略。

第二步：隨機產生 M 個個體以構成初始種群。

第三步：根據適應度函數確定個體的適應度。

第四步：判斷是否滿足算法的終止條件，若滿足則轉至第六步。

第五步：對種群的個體進行選擇、交叉和變異操作，產生新一代種群並轉至第三步。

第六步：輸出搜索結果並終止算法。

基本遺傳算法的程序流程圖如圖 6-10 所示。

根據遺傳算法的基本流程圖可知，遺傳算法主要由編碼方式、初始種群的產生、適應度函數、遺傳操作、算法終止條件以及算法的參數設置 6 個部分組成。

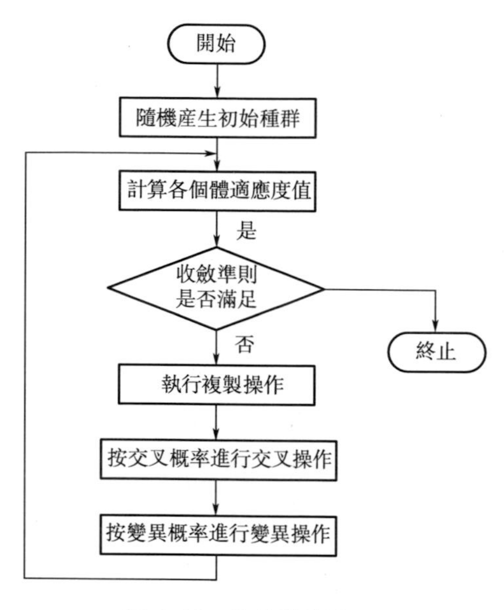

圖 6-10　遺傳算法流程

(1) 編碼方式

編碼是應用遺傳算法首要解決的問題。編碼是將一個問題的可行解從其物理空間轉換到遺傳算法所能處理的搜索空間的轉換方法，形象的解釋就是將個體的信息變換轉化成為計算機能夠識別的機器語言以供計算機進行計算。編碼方法不僅決定了個體從搜索空間的基因型變換到物理空間的表現型的解碼方法，也關係到了交叉、變異等運算方法。同時，編碼的長度也是影響計算時間的主要因素之一。由此可見，編碼方法是應用遺傳算法的關鍵步驟。De Jong 曾經提出了兩條操作性較強的實用編碼原則：第一條是積木塊編碼原則，指的是應使用易於產生與所求問題相關的低階、短長度的編碼方案；第二條是最小字符集編碼原則，指的是應使用使問題得到自然表示的、具有最小編碼字符集的編碼方案。

常用的編碼方法包括二進制編碼方法、格雷碼編碼方法、浮點數編碼方法、符號編碼方法、多參數級聯編碼方法以及多參數交叉編碼方法。

(2) 初始種群的產生

初始種群的選擇一般採用隨機產生的方法，一般來講，可以採用以下兩條策略。第一，根據問題的固有知識，設法把握最優解所占空間在整個問題空間中的分布範圍，然後在此範圍內設定初始種群。第二，先隨機生成一定數目的個體，然後從中挑出最好的個體加到初始種群當中。重複該過程，直到初始種群中的個體數目達到預先確定的規模。

採用隨機的方法獲取初始種群不依賴於問題本身，因此隨機產生的初始種群可以更清楚地考察算法的行為和性能。對於存在具有約束的非線性規劃問題，隨機產生的初始種群可能存在著不滿足約束條件的不可行解，但是對於一個優良的算法來說，並不會影響其得到最後的優化結果，而對於優化的速度來說，則可能帶來一定的影響。若初始群體都是可行解，則可以加快收斂速度。

（3）適應度函數

在進化論中，適應度用以表示個體對環境的適應能力。個體對生存環境的適應程度越高，將會有更多的繁殖機會。在遺傳算法中同樣採用了適應度的概念，用以衡量種群中各個個體在優化計算當中接近最優解的程度。從數學的角度分析可知，遺傳算法是一種概率性搜索算法，種群中的每一個個體被遺傳到下一代中的概率是由該個體的適應度確定的。因此，在該算法當中種群的進化過程是以種群中每個個體的適應度的大小為依據的，通過反覆迭代並不斷尋求適應度較大的個體以便最終獲取問題的最優解。

遺傳算法中個體適應度的度量可利用適應度函數完成。由於遺傳算法在進行搜索的過程當中基本不需要藉助外界的信息，僅僅以適應度函數為依據，因此適應度函數設計的合理與否直接影響算法整體的性能。若是過分追求當前適應度較優的個體，會使這些個體在下一代種群當中占有較高的比例，從而會降低種群的多樣性，導致算法出現早熟的現象；反之則會使算法的收斂過程延長。

適應度函數的設計主要滿足以下條件。

① 單指、連續、非負、最大化。

② 合理、一致性，即要求適應度值能夠反映對應解的優劣程度。

③ 計算量小，以便節約存儲空間和減少計算時間。

④ 通用性強，對同類的具體的問題應具有普遍的適用性。

（4）遺傳操作

遺傳算法中的遺傳操作一般包括 3 個基本的遺傳算子，分別為選擇算子、交叉算子以及變異算子。

① 選擇算子。在遺傳算法中利用選擇操作來確定從父代種群遺傳到子代的個體，選擇算子依據優勝劣汰的原則對種群中的個體進行篩選操

作。選擇策略對算法的性能也有一定的影響，不同的選擇策略將會導致不同的選擇壓力。常用的選擇算子的方法包括輪盤賭選擇法、繁殖池選擇法、競標賽選擇法等。

② 交叉算子。進行選擇操作只是從種群中挑選優秀的個體，並沒有產生新的個體。要想產生新的個體，就必須接觸交叉操作和變異操作。交叉操作是模擬生物進化的交配重組環節，在生物的自然進化過程中，兩個相互配對的染色體按某種方式相互交換部分基因從而產生新的物種。由此可見，在進行交叉運算之前需要對種群中的個體進行配對，常採用隨機配對的方法。此外，交叉算子的設計和實現與所研究的問題密切相關，一般要求它既不要太多地破壞個體編碼串中表示優良性狀的優良模式，又要能夠有效地產生一些較好的新個體模式，交叉算子的設計要和個體編碼設計進行統一的考慮。基本的交叉算子包括單點交叉、雙點交叉以及多點交叉。

③ 變異算子。僅僅利用交叉操作會使種群失去多樣性，其得到的結果可能只是局部最優解。為了保證種群物種的多樣性，可採取變異操作。變異操作是以較小的概率將個體染色體編碼串中的某些基因座上的基因值用該基因座的其他等位基因來替換，從而可以產生一個新的個體。變異操作主要有兩個步驟：第一步是在種群所有個體的碼串範圍內隨機地確定基因位置；第二步是以事先設定的變異概率 P_m 對這些基因座的基因值進行變異。常用的變異操作方法包括基本位變異法、均勻變異法、正態性變異法以及自適應性變異法等。

(5) 算法終止條件

當最優個體的適應度達到給定的閾值，或者是最優個體的適應度和種群適應度不再上升時，或是迭代次數達到預設的代數時，算法即可終止。

(6) 算法的參數設置

遺傳算法中各個參數的選取是很重要的，不同的參數會對遺傳算法的性能產生不同的影響。遺傳算法中主要的參數包括種群規模、染色體長度、交叉概率及變異概率等。種群規模較大容易找到全局最優解，但是其缺點是增加了每次迭代的時間。染色體的長度主要是由問題求解的精度所決定，精度越高則搜索空間越大，相應地要求種群大小設置大一些。交叉概率的選擇決定了交叉操作的頻率，交叉頻率越高可使各代能夠充分交叉，能較快地收斂到最有希望的最優解的區域，但是過高的交叉概率又可能導致早熟現象；同時若是交叉概率過低，則會使種群中更多的個體被直接複製到下一代，可能導致遺傳搜索陷入停滯狀態。變異概率的選擇決定了變異操作的頻率，變異概率較大時，可以增加種群的多樣性，但是可能會破壞掉好的個體；反之，若變異概率選取較小，則會導致產生新個體和抑制早熟現象的能力下降。

本節將要介紹的是一種基本的基於遺傳算法的服務機器人路徑規劃的方法。在應用遺傳算法進行路徑規劃之前，需要對機器人所處的環境信息進行處理，採用的環境建模方法即為上文中提及的柵格建模法，然後用一串網格序號的有序排列表示一條機器人的運動路徑，算法運作之前採用多條路徑組成初始種群作為優化搜索基礎，最後利用遺傳算子對種群進行遺傳操作從而得到最優的路徑。下面將基於遺傳算法的機器人路徑規劃方法進行詳細介紹。

(1) 環境建模

機器人的環境建模採用柵格建模法[12]。假設機器人的工作空間為二維結構化空間，工作空間中障礙物的位置及大小已知，並且在機器人運動的過程當中，障礙物的位置與大小均不會發生變化。用尺寸相同的柵格對機器人的工作空間進行劃分，網格的大小以機器人自身的尺寸為依據。若在某一柵格內不存在障礙物，則該柵格為自由柵格；若在某一柵格內存在障礙物，則該柵格為障礙柵格。柵格的標識方法則採用序號法，經過劃分後的機器人工作空間示意圖如圖 6-11 所示。

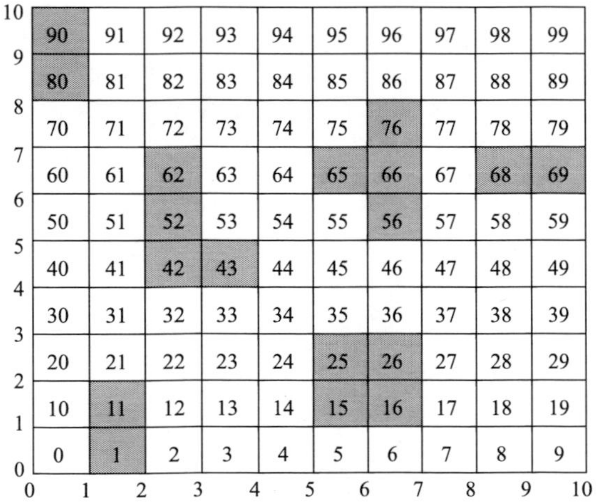

90	91	92	93	94	95	96	97	98	99
80	81	82	83	84	85	86	87	88	89
70	71	72	73	74	75	76	77	78	79
60	61	62	63	64	65	66	67	68	69
50	51	52	53	54	55	56	57	58	59
40	41	42	43	44	45	46	47	48	49
30	31	32	33	34	35	36	37	38	39
20	21	22	23	24	25	26	27	28	29
10	11	12	13	14	15	16	17	18	19
0	1	2	3	4	5	6	7	8	9

圖 6-11　機器人工作空間示意圖

（2）路徑個體編碼

所謂編碼，是將一個問題的可行解從其解空間轉換到遺傳算法所能處理的搜索空間的轉化過程。機器人路徑規劃的一個個體是機器人從出發點抵達目標點的一條路徑。假設 0 點是機器人的出發點，99 是機器人應當抵達的目標點，則一條路徑可以表示為：[0，11，12，13，14，15，26，37，48，59，69，79，89，99]，即每條染色體都是由一組柵格的序號所組成，並且每條路徑中不能出現重複的柵格序號，圖 6-12 所示為一條路徑與其對應的染色體。

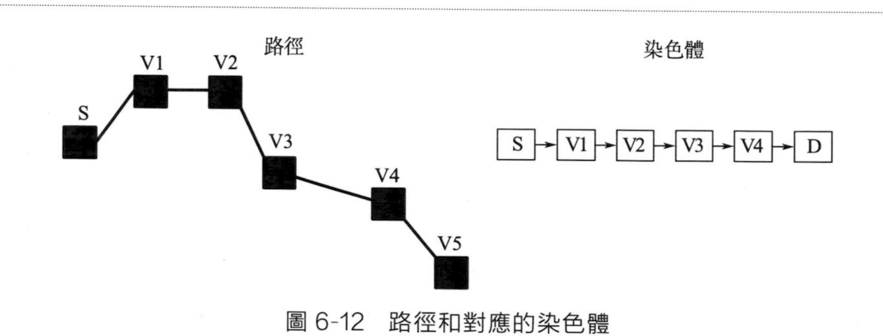

圖 6-12　路徑和對應的染色體

（3）種群初始化

種群初始化的目的是為了提供一群個體作為遺傳算法開始迭代的起點。初始種群的產生要具備隨機性，可採用隨機產生染色體的方法，初始路徑的產生過程如下：從起始柵格出發，隨機選取與起始柵格相鄰的自由柵格作為下一路徑點，如此往復，直到抵達終止柵格為止。

在一條路徑的產生過程中，為避免產生重複路徑，當一個柵格被選中之後，隨後的隨機選擇都會將該柵格忽略。若選擇一個柵格後，發現該柵格不是終止柵格並且該柵格所有相鄰柵格均在前面的步驟中被選中，則視該柵格為無效點，應當退回到前一個柵格處進行重新選擇。

（4）適應度函數

每一條染色體的優劣程度是通過適應度函數來判定的。在一般情況下將路徑最短作為優化目標，因此適應度函數可以取路徑長度的倒數，即當路徑越長時，適應度越小；當路徑越短時，適應度就越大。所採用的適應度評價函數如式(6-10) 所示。

$$f=\frac{1}{(1+1/\sqrt{n+1})d} \tag{6-10}$$

式中　n——個體路徑中所包含的柵格的數目；

d——個體路徑的長度。

（5）遺傳算子的設計

① 選擇算子。隨機從種群中選出一部分個體並根據適應度函數計算出每個個體的適應度，將其中適應度最好的一部分個體遺傳到下一代。

② 交叉算子。隨機從種群中選出兩個個體，對其柵格序號相同的點進行交叉。若重合的點不止一個，則隨機選擇一個重合點進行交叉操作。若無重合點，則不進行交叉操作。

③ 變異算子。變異方式主要有 3 種：第一種是隨機刪除除起始點序號和終止點序號外的一個柵格序號；第二種是在個體中隨機選取一點並插入新序號；第三種是在個體中隨機選取一個序號並用另一個隨機產生的序號進行替代。

遺傳算法直接以適應度值作為搜索信息，並不要求適應度函數是可導的或是連續的。因此，對於多目標函數、難以求導的函數或是導數不存在的函數的優化問題，採取遺傳算法較為方便。同時，遺傳算法從初始種群出發，經過一系列的遺傳操作產生新的種群，它每次對種群的所有個體同時進行操作，而並非只針對於種群中的某一個個體。因此遺傳算法是一種全局的並行搜索算法，搜索速度較快並且陷入局部極小的可能性也大為降低。但是，遺傳算法在實際應用過程中也存在著許多局限性，比如會出現迭代次數多、收斂速度慢、易陷入局部極值和過早收斂等現象。

6.3 服務機器人路徑規劃優化

隨著計算機、傳感器及控制技術的發展，特別是各種新算法不斷湧現，移動機器人路徑規劃技術已經取得了豐碩的研究成果。在上幾節中詳細介紹了幾種移動機器人常用的路徑規劃的基本方法，它們適用於不同的場合，但是它們在具體規劃時存在著一些明顯的不足之處。下面首先將對上述方法進行改進，以便其更好地應用於服務機器人的路徑規劃當中，然後闡述服務機器人路徑規劃研究方向的延伸和拓展。

6.3.1 人工勢場法的改進

在諸多機器人的路徑規劃方法中，人工勢場法是一種較為成熟的方法，目前已經得到了廣泛的應用。人工勢場法是一種虛擬力的方法，目標點對機器人產生引力而障礙物點對機器人產生排斥力，機器人在目標點和障礙物點的合力下前進。其數學表達式簡潔、計算量小、實時性高、反應速度快、規劃路徑平滑。但是傳統的人工勢場法存在著局部極小值等問題，這些問題都限制了人工勢場法在路徑規劃中的應用。下面將對傳統的人工勢場法提出改進方法。

（1）勢場函數改進法

對人工勢場法中的勢場函數進行改造可以有效解決其全局最小值（目標不可達）問題。產生全局最小值問題的原因是在目標點周圍存在著障礙物，當機器人向目標點逼近的時候，也進入了障礙物的影響範圍，造成的結果是目標點不是全局範圍內的最小點，導致機器人無法正常抵達目標點。

可以對斥力場函數進行改造，當機器人靠近目標點的時候，使斥力場趨近於零，這樣就可以讓目標點成為全局勢能的最低點。改造後的斥力場函數表達式如下[13]：

$$U_{\mathrm{rep}}(q)=\begin{cases}\dfrac{1}{2}K_{\mathrm{rep}}\left(\dfrac{1}{\rho(q)}-\dfrac{1}{\rho_0}\right)^2(X-X_g)^n & \rho(q)\leqslant\rho_0\\ 0 & \rho(q)>\rho_0\end{cases} \tag{6-11}$$

與原有的排斥函數相比較，改進後的函數增加了因子 $(X-X_g)^n$，該因子被稱為距離因子，表示的是機器人與目標點之間的距離；X 是機器人的位置向量；X_g 是目標點在勢場中的位置向量；n 為一個大於零的任意實數。

此時可得排斥力 F_{rep}：

$$\begin{aligned}F_{\mathrm{rep}}(q)&=-\nabla U_{\mathrm{rep}}(q)\\&=\begin{cases}F_{\mathrm{rep1}}(q)+F_{\mathrm{rep2}}(q) & \rho(q)\leqslant\rho_0\\ 0 & \rho(q)>\rho_0\end{cases}\end{aligned} \tag{6-12}$$

其中：

$$F_{\mathrm{rep1}}(q)=k_{\mathrm{rep}}\left(\frac{1}{\rho(q)}-\frac{1}{\rho_0}\right)\frac{1}{\rho^2(q)}\times(X-X_g)^n\ \frac{\partial\rho(q)}{\partial X} \tag{6-13}$$

$$F_{\mathrm{rep2}}(q)=-\frac{n}{2}k_{\mathrm{rep}}\left(\frac{1}{\rho(q)}-\frac{1}{\rho_0}\right)^2(X-X_g)^{n-1}\times\frac{\partial(X-X_g)}{\partial X} \tag{6-14}$$

改進後的排斥函數引入了距離因子，將機器人與目標點的距離納入了考慮範圍，從而保證了目標點是整個勢場的全局最小點。

（2）虛擬目標點法

採用勢場函數改進的方法雖然可以解決目標不可達問題，但是在機器人的行進過程中，若在抵達目標點前的某一點時受到的合力為零，機器人將誤以為抵達目標點，從而會停止前進或是在該點處來回振盪，導致路徑規劃失敗，這個問題被稱為局部極小點問題。

解決局部極小點問題可以採用虛擬目標點法。該方法的基本思想是當機器人檢測到自身已經陷入局部極小點之後，系統會在原有目標點附近增設一個虛擬的目標點。由於增設了虛擬目標點，會使機器人在局部極小值位置點受到的合力不為零。正是在該虛擬目標點產生的虛擬力的作用之下，可以使機器人擺脫局部極小值點繼續前進。當機器人擺脫了局部極小值點之後撤銷該虛擬目標點即可，該方法下機器人的受力分析圖如圖 6-13 所示。

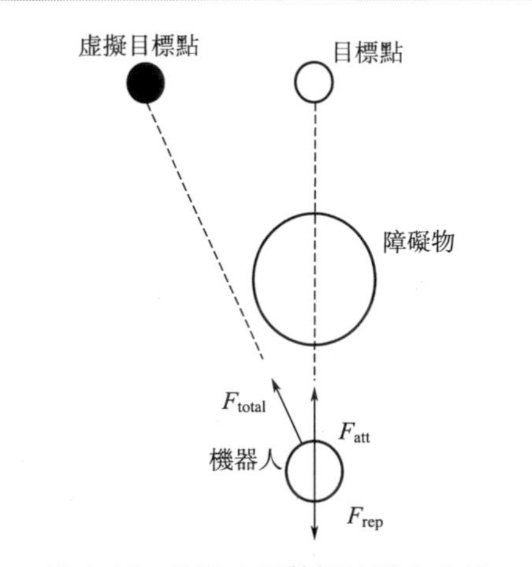

圖 6-13　改進人工勢場法受力分析

6.3.2 A* 算法的改進

針對靜態環境，A* 算法能夠針對兩點之間的最優距離進行計算。然而依據以往以柵格為基礎的 A* 路徑規劃算法在進行移動機器人路徑規劃時，由於複雜環境約束的存在，在搜索空間上規劃出的路徑可能並非最優；實際問題的複雜性也可能導致路徑規劃時間出現延遲。針對上述路徑規劃存在的問題，可以從搜索條件、規劃空間和時間等指標上對基於傳統 A* 算法的移動機器人路徑規劃提出改進。

(1) 搜索條件的改進

保證找到最短路徑（最優解的）條件，關鍵在於估價函數 $f(n)$ 的選取［或者說 $h(n)$ 的選取］。我們以 $d(n)$ 表達狀態 n 到目標狀態的距離，那麼 $h(n)$ 的選取大致有如下 3 種情況。

① 如果 $h(n)<d(n)$，則在這種情況下，搜索的點數多，搜索範圍大，效率低，但能得到最優解。

② 如果 $h(n)=d(n)$，即距離估計 $h(n)$ 等於最短距離，那麼搜索將嚴格沿著最短路徑進行，此時的搜索效率是最高的。

③ 如果 $h(n)>d(n)$，則搜索的點數少，搜索範圍小，效率高，但不能保證得到最優解。

在 A^* 算法執行過程中，消耗時間最多的操作是從存放待擴展節點的 OPEN 表中提取出使估價函數 $f(n)$ 值最小的節點，找到該節點後才能在此節點的基礎上繼續擴展下一個節點。尋找使估價函數 $f(n)$ 值最小的節點時用到了循環比較的方式，循環比較 OPEN 表中的每個節點後，才能找出滿足條件的節點，而循環比較費時。如果對 OPEN 表中的節點不採取任何排序措施，則 OPEN 表中節點的排序就是亂的，每次提取滿足條件的節點都需要重新遍歷比較一次 OPEN 表。假設 OPEN 表中有 n 個待擴展節點，找出估價函數 $f(n)$ 值最小的節點的時間複雜度為 $o(n^2)$。由此可見僅僅尋找一個節點的時間複雜度是 $o(n^2)$，而航跡是由很多這些節點組成，待擴展節點的數目就更多，利用循環比較的方式尋找所需節點的時間消耗是很大的[14]。如果對 OPEN 表中的節點按照估價函數 $f(n)$ 值的大小進行排序的話，每次提取滿足要求的節點時就很方便了，OPEN 表頭的節點就是所提取的節點。由於 OPEN 表中節點數目眾多，一般可選用的排序方法有基數排序、快速排序等。

(2) 空間上的領域擴展

在柵格地圖形式上，使用 A^* 算法進行路徑規劃，每個柵格的中心都存儲著節點所有信息狀態，節點臨近的 8 個區域都是這個節點的擴展個數，即該節點在對下一個行進節點進行選擇時，周圍存在最多 8 個（有可能存在障礙點）待選行進點，因此運動的方向的角度也被限定為 $\pi/4$ 的整數倍。由於受到行進方向的限制，使用傳統 A^* 算法在柵格地圖形式上進行移動機器人路徑規劃時規劃出的路徑可能不是最優。

在原 A^* 算法每個節點的擴展個數只有相鄰的 8 個鄰域的基礎上增至相鄰的 24 個鄰域，從而擴展待選節點的個數，行進方向也不再只有 $\pi/4$ 的整數倍。擴展算法的具體過程如下。

① 對於輸入點的每一個鄰接點，檢查它本身是否還在整體的工作空間範圍內，確定其沒有超出工作環境邊界。

② 因為 24 個鄰域是覆蓋以輸入點為中心的兩層所有鄰接點，所以要逐層對鄰接點進行判斷。

③ 首先對第一層（1～8 鄰域）的所有點進行判斷，如果一個鄰接點是第一層的點，首先檢查鄰接點本身是否是障礙點（是否在 CLOSE 表裏面），若鄰接點是障礙點，則直接捨棄；若不是障礙點，說明其可以進行擴展，檢查此鄰接點是否已存在於 OPEN 表。若 OPEN 表中沒有此鄰接點，將此鄰接點納入 OPEN 表中，若 OPEN 表中已存在此點座標，則需比較擁有不同前向指針的此點的評價函數值 f，選取擁有較小評價函數 f

值的節點，並依據此 f 值判斷是否需要對其前向指針進行更新。

④ 對第二層（9～24 鄰域）所有節點進行判斷，判斷其是否是障礙點，若是障礙點，直接捨棄；若不為障礙點，還需檢查從輸入點到此鄰接點途經的 1～2 個點是否為障礙點，只要途經點有一個是障礙點，就將捨棄對應的鄰接點。只有途經點所組成的區域均為自由區域，才能對此鄰接點繼續進行判斷，先判斷其是否已存在 OPEN 表中，若 OPEN 表中已存在此點座標，則需比較擁有不同前向指針的此鄰接點的評價函數值 f，選取擁有較小評價函數 f 值的節點，並依據此 f 值判斷是否需要對其前向指針進行更新；若 OPEN 表中沒有此鄰接點，則將此鄰接點納入 OPEN 表中。

⑤ 選取此時 OPEN 表中具有最小評價函數值 f 的節點為最優節點座標，運用相應子函數將其從 OPEN 表納入 CLOSE 表。

通過對傳統 A^* 算法中擴展鄰域的改進，使得移動機器人在運用 A^* 算法進行路徑規劃時，每次最優節點的選取不再局限於周圍僅有的 8 個鄰域，而是最多會出現 24 個可選擇鄰域（若周圍 24 鄰域中沒有障礙點出現），可選擇鄰域個數的擴增使得移動機器人在對路徑進行規劃時，其規劃的運動的角度不再受限於 $\pi/4$ 的整數倍，而是被增加為連續更多的方向。

（3）時間上的雙向搜索

在 A^* 算法應用於移動機器人路徑規劃研究中時，如果移動機器人所處的環境空間相對簡單，那麼它可以順利地完成路徑規劃工作。如果移動機器人所處的環境空間比較複雜，那麼移動機器人結合 A^* 算法進行路徑規劃時，由於運算量的增加，勢必會耗費一部分路徑規劃時間。因此近年來，鑒於 A^* 算法單向遞進的搜索方式，許多學者開展了對雙向 A^* 算法的研究。

雙向 A^* 路徑規劃搜索算法，其規劃方式就是沿著正方向和反方向兩個方向同時進行路徑的搜索。正向搜索主要是指從起點到目標點；而反向則是從目標點到起點，其實質就是在具體的規劃過程中，正向 A^* 搜索和反向 A^* 搜索同時進行，當各自方向上擴展出相同的最優節點時停止搜索的形式。

如果採取雙向搜索，並存在兩個方向上擴展出擁有評價函數最小值的一致的節點，同時若節點滿足於獨自搜索的制約限制，則路徑規劃搜索過程結束。

正常的理想情況下，在起始節點和目標節點連線的中點附近區域，雙向 A^* 搜索會達到相遇，這樣搜索時間會大大降低。但當處於複雜多變的環境中時，雙向搜索也有可能不會在起始點座標和目標點座標連線的中點的附近區域相遇，而在極端環境下，有可能因為數據的繁雜而使雙向搜索陷入死循環，而此時傳統 A* 搜索的代價要比雙向小得多，所以保證目標節點搜索在中間區域相遇是雙向搜索成功的前提。為了盡可能保證正向搜索與反向搜索在路徑規劃過程中達到相遇，可將正向搜索和反向搜索交替進行，起初進行正向搜索，可以得到一個評價函數最小的節點，那麼此時立即切換至反方向。而反向搜索的目標節點就是之前正向擴展出的評價函數最小的節點。

6.3.3 遺傳算法的改進

遺傳算法作為一種優秀的搜索算法，在機器人的路徑規劃方面受到了廣泛的重視和研究。其採用了生物進化論當中適者生存的思想，在搜索過程中不藉助於外部條件，具備較強的全局搜索能力和較高的搜索效率。但是，基本的遺傳算法在應用過程中會出現「收斂速度慢」和「早熟收斂」等問題，下面對基本的遺傳算法提出改進方案。

(1) 採用簡單圖搜索法的改進遺傳算法

在介紹基本的遺傳算法時，環境建模的方法採用的是柵格建模法。柵格建模法雖簡單易行，但是當環境範圍較大時，會加大計算量，從而出現收斂速度慢的問題，降低規劃的實時性。此處採用鏈接圖法對機器人的工作環境進行建模，當環境中的障礙物不太複雜時，採用鏈接圖法可以大大降低環境建模的複雜性。

採用鏈接圖法建立環境模型需要使用以下假設。

① 規劃環境的邊界及障礙物用凸多邊形描述。

② 將規劃環境投影成為二維環境，即先不考慮高度信息。

③ 機器人在運動過程中可以被視為一點。

利用鏈接圖法對環境建模的過程如下。

① 利用直線將環境自由空間劃分為凸多邊形。

② 設置各鏈接線中點為可能的路徑點。

③ 相互連接各突變型區域所有可能的路徑點。

圖 6-14 所示為規劃空間以及規劃空間的鏈接圖，其中 P_1 為機器人的起點，P_T 為機器人應該抵達的目標點。所有路徑點之間的連線所構成的網絡圖為機器人可以行走的路線，可以使用圖論中的最短路徑算法求出上述網絡圖的最短路徑作為初始路徑。

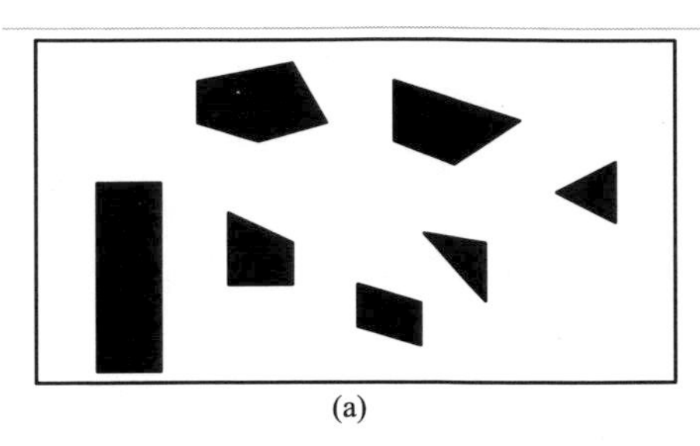
(a)

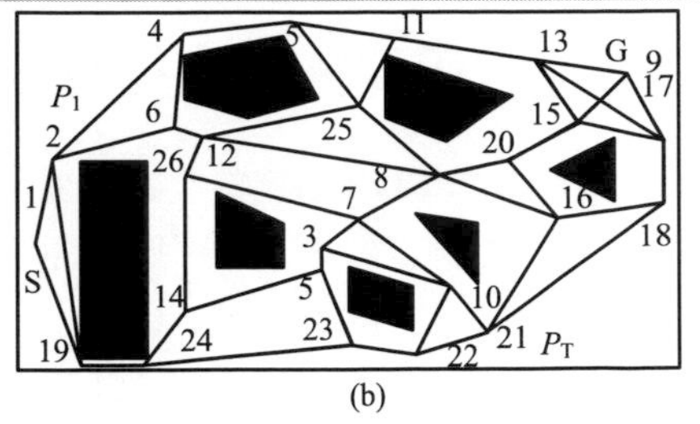

(b)

圖 6-14 障礙物環境空間及其鏈接圖

在採用簡單圖搜索法進行改進的遺傳算法中，選擇、交叉、變異等遺傳操作均可以採用通用化的參數優化遺傳操作算子。

(2) 菁英保留遺傳算法

由於在基本的遺傳算法中選擇算子存在選擇誤差，交叉、變異算子對高階長距模式具有破壞作用，會造成當前群體的最佳個體在下一代種群中發生丟失，當進化世代趨於無窮時，這種最優個體丟失的現象就會周而復始地出現在進化過程當中，因此基本的遺傳算法並不是全局收斂的。

為了避免上述現象的發生，使遺傳算法能夠收斂到全局的最優解，可在基本的遺傳算法中添加菁英保留策略。所謂菁英保留策略，就是將當前種群中的最優個體以概率 1 複製到下一代的種群當中去。這種將菁英保留策略與基本的遺傳算法結合形成的遺傳算法被稱為菁英保留遺傳算法[15]。菁英保留遺傳算法流程見圖 6-15。

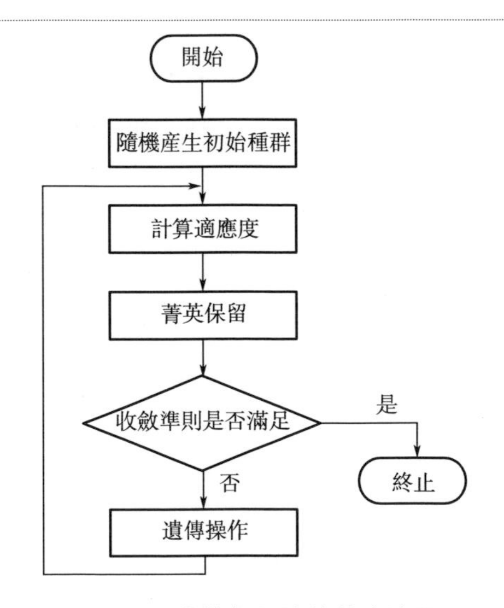

圖 6-15 菁英保留遺傳算法流程

6.3.4 服務機器人路徑規劃技術發展

一個好的路徑規劃需要滿足以下指標。

① 實時性。規劃算法的複雜度（時間需求、存儲需求等）能滿足機器人運動的需要。

② 安全性。返回的任何路徑都是合理的，或者說任何路徑對控制機器人運動都是可執行的。

③ 可達性。如果客觀上存在一條從起點到達目標點的無碰路徑，該算法一定能找到；如果環境中沒有路徑可通行，會報告規劃失敗。

④ 環境變化適應性。算法具有適應環境動態改變的能力，隨著環境改變，不必全部重新計算。

在周圍環境已知的全局路徑規劃中，由於其理論研究已比較完善，需要對算法進行研究和改進的方法基本定型。目前比較活躍的領域是研究在環境未知情況下的局部規劃，許多路徑規劃方法在完全已知環境中能得到令人滿意的結果，但在未知環境特別是存在各種不規則障礙的複雜環境中，卻很可能失去效用，所以如何快速有效地完成移動機器人在複雜環境中的導航任務仍將是今後研究的主要方向之一。如何使性能指標更好，從研究方向看有以下趨勢[16]。

（1）智能化的算法將會不斷涌現

新的路徑規劃方法研究，永遠是移動機器人路徑規劃的重要內容，主要是其結合了現代科技的發展（如新的人工智能方法、新的數理方法等），尋找易於實現，同時能避開現有方法缺點的新技術。另外，現代集成路徑規劃算法研究也是一個重要內容，即利用已有的各種規劃方法的優點，克服它們的不足，如神經網絡與地圖構建技術相結合、進化計算與人工勢場法相結合等。智能化方法能模擬人的經驗，逼近非線性、具有自組織、自學習功能並且具有一定的容錯能力，這些方法應用於路徑規劃會使移動機器人在動態環境中更靈活、更具智能化。

（2）多移動機器人系統的路徑規劃

協調路徑規劃已成為新的研究熱點。隨著應用不斷擴大，移動機器人工作環境複雜度和任務的加重，對其要求不再局限於單個移動機器人。在動態環境中，多移動機器人的合作與單個機器人路徑規劃要很好地統一。從規劃者考慮，可分為集中式規劃和分布式規劃；從規劃時間考慮，可分為離線規劃和在線規劃。二者各有所長，許多研究工作結合二者。隨著科學技術的發展，工農業、醫療等行業對多機器人系統的要求會越來越高，這種研究還會不斷發展。

（3）多傳感器信息融合用於路徑規劃

移動機器人在動態環境中進行路徑規劃所需信息都是從傳感器得來，單傳感器難以保證輸入信息的準確與可靠，多傳感器所獲得信息具有冗餘性、互補性、實時性和低代價性，且可以快速並行分析現場環境。移動機器人的多傳感器信息融合也是當今一個比較活躍的研究領域，具體方法有採用概率方法表示信息的加權平均法、貝葉斯估計法、多貝葉斯法、卡爾曼濾波法和統計決策理論法；有採用命題方法表示信息的 D-S 證據推理、模糊邏輯、產生式規則；還有仿傚生物神經網絡的信息處理方法和人工神經網絡法。

（4）機器人底層控制與路徑規劃算法的結合研究

以上是從路徑規劃策略上看移動機器人路徑規劃的發展，從應用角度看，路徑規劃的研究絕大多數集中在規劃算法的設計與仿真研究上，而將路徑規劃算法應用於實際的報導還很少，即使是一些實物仿真實驗，研究也較少，但理論研究最終要應用於實際，因此有關機器人底層控制與路徑規劃算法的結合研究將是它的發展方向之一，不僅要研究路徑規劃算法，而且要研究機器人的動力學控制與軌跡跟蹤，使機器人路徑規劃研究實用化、系統化。

綜上所述，移動機器人的路徑規劃技術已經取得了豐碩成果，但各種方法各有優缺點，沒有一種方法能適用於任何場合。隨著科技的不斷發展，機器人應用領域還將不斷擴大，機器人工作環境會更複雜，移動機器人路徑規劃這一課題領域還將不斷深入。在這一領域進行研究時，要結合以前的研究成果，把握發展趨勢，以實用性作為最終目的，這樣就能不斷推動其向前發展。

參考文獻

[1] 蔡佐軍．移動機器人路徑規劃研究及仿真實現[D]. 武漢：華中科技大學，2006.

[2] 梁文君．機器人動態規劃與協作路徑規劃研究[D]. 杭州：浙江大學，2010.

[3] 賈菁輝．移動機器人的路徑規劃與安全導航[D]. 大連：大連理工大學，2009.

[4] 陳少斌．自主移動機器人路徑規劃及軌跡跟蹤的研究[D]. 杭州：浙江大學，2008.

[5] 蔡曉慧．基於智能算法的移動機器人路徑規劃研究[D]．杭州：浙江大學．2007.

[6] 鮑慶勇，李舜酩，沈峘，門秀花．自主移動機器人局部路徑規劃綜述[J]．傳感器與微系統，2009，28(9)：1-4.

[7] 趙維，謝曉方，孫艷麗．自主角色導航綜述[J]．計算機應用與軟件，2011，28(7)：159-163.

[8] 張曉文，侯媛彬，王維．移動機器人路徑規劃的人工免疫勢場算法研究[J]．自動化儀表，2013，34（12）：5-8.

[9] 王淼池．基於 A* 算法的移動機器人路徑規劃[D]．瀋陽：瀋陽工業大學，2017.

[10] 曲道奎，杜振軍，徐殿國，徐方．移動機器人路徑規劃方法研究[J]．機器人，2008，30(2)：97-101.

[11] 戴青．基於遺傳和蟻群算法的機器人路徑規劃研究[D]．武漢：武漢理工大學，2009.

[12] 王殿君．基於改進 A* 算法的室內移動機器人路徑規劃[J]．清華大學學報，2015，8：1085-1089.

[13] 羅干又，張華，王姮，解興哲．改進人工勢場法在機器人路徑規劃中的應用[J]．計算機工程與設計，2011，32（4），1411-1413，1418.

[14] 唐曉東．基於 A* 算法的無人機航跡規劃技術的研究與應用[D]．綿陽：西南科技大學，2015.

[15] 陳曦．基於免疫遺傳算法的移動機器人路徑規劃研究[D]．長沙：中南大學，2008.

[16] 張澤東，等．移動機器人路徑規劃技術的現狀與展望[J]．系統仿真學報，2005，17(2)：439-443.

第7章

服務機器人的感知

通常來講，機器人的感知就是藉助於各種傳感器來識別周邊環境，相當於人的眼、耳、鼻、皮膚等。

① 視覺感知：即計算機視覺，類似於人類的視覺系統。用攝影頭代替人眼對目標進行識別、跟蹤和測量等。當前，服務機器人的計算機視覺已經相當完善了，像人臉識別、圖像識別、定位測距等。可以說，在為人類提供服務時，「看得見東西」的機器人比「盲人」機器人有用得多。

② 聲音感知：即語音識別，語音是人機交互最常用、最便捷的方式，由此，對於服務機器人而言，語音識別是必須具備的重要功能之一。

③ 其他感知：在服務機器人身上，以上兩種最重要的感知已經得到了完美的體現，而在其他的方面，人們仍處在不斷的探索之中。以「皮膚感知」為例，為了讓機器人在外表更接近人類，以及更多的感知，不少團隊一直在努力研究一種「敏感皮膚」，力圖實現柔軟、敏感性強等特性。在此基礎上，已經有不少成果展現在了公眾的面前，微風、蚊蟲降落等感知已是小菜一碟。此外，還有嗅覺感知等，這些都是一個服務機器人所應具備的功能。

隨著科技的不斷發展，機器人技術的應用領域越來越廣泛，從傳統的機器製造業中機器人主要用作上、下料的萬能傳送裝置，擴展到能進行各種作業，如弧焊、點焊、噴漆、刷膠、清理鑄件以及各種各樣的簡單裝配工作，再到非製造領域的應用，如採掘、水下、空間、核工業、土木施工、救災、作戰、戰地後勤以及各種服務等，機器人的應用不僅改善了勞動者的工作環境，而且漸漸地向完全取代人類勞動以及服務於人類的研究方向進行，這一切能得以實現，與傳感器技術、微電子技術、通信技術有著密切的聯繫。傳感器技術在機器人控制技術中是核心技術之一，是機器人獲取信息的主要部分，本章依據中國內外機器人的研究現狀，從「五官」的角度來闡述傳感器技術在機器人上的應用。

圖 7-1　360 掃地機器人

圖 7-1 所示為奇虎 360 公司正式發布的旗下智能業務線最新產品——360 掃地機器人。該機器人可智能構建房屋地圖，規劃清掃路線，確保全面清掃覆蓋不漏掃，電量低自動回充。

7.1 服務機器人的感知

機器人傳感器是 20 世紀 70 年代發展起來的一類專門用於機器人技術方面的新型傳感器。機器人傳感器和普通傳感器工作原理基本相同，但又有其特殊性。機器人傳感器的選擇取決於機器人工作需要和應用特點，對機器人感覺系統的要求是選擇傳感器的基本依據。機器人傳感器選擇的一般要求如下。

① 精度高、重複性好。

② 穩定性和可靠性好。

③ 抗干擾能力強。

④ 重量輕、體積小、安裝方便。

機器人是通過傳感器得到感知信息的，其中機器人傳感器處於連接外部環境和機器人的接口位置。要使機器人擁有智能，首先必須使機器人具有感知環境的能力，用傳感器採集信息是智能化的第一步；其次，如何採取適當的辦法，將多個傳感器獲取的信息加以綜合處理，控制機器人進行智能作業，則是提高機器人智能化的重要體現。因此傳感器及其信息處理系統是機器人智能化的重要組成部分，它為機器人智能化提供決策依據。

機器人感知系統的構成如圖 7-2 所示。

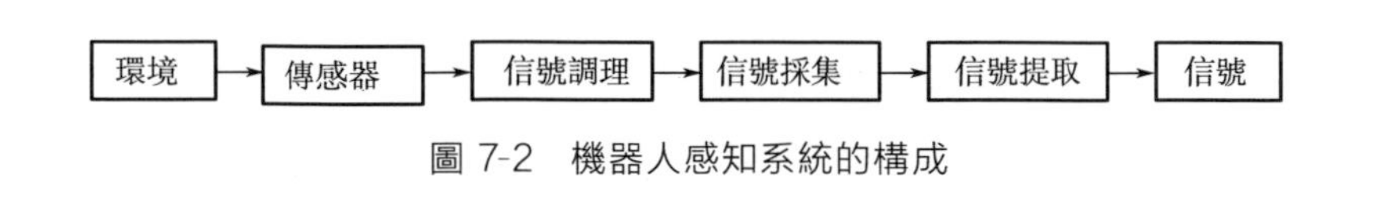

圖 7-2 機器人感知系統的構成

首先，傳感器將被測量轉化為電信號。然後，對電信號進行預處理，如放大、濾波、補償、去耦等。接著，將採樣調理後的信號送至處理器。最後，處理器經過軟件分析後提取特徵信息為機器人提供決策依據，指導機器人作業。

機器人傳感器是一種能將機器人目標物特性（或參量）變換為電量輸出的裝置，機器人通過傳感器實現類似於人類的知覺作用。

機器人傳感器分為常用傳感器和特殊傳感器。其中常用傳感器分為內部檢測傳感器和外界檢測傳感器兩大類。內部檢測傳感器是在機器人中用來感知它自己的狀態，以調整和控制機器人自身行動的傳感器。它通常由位置、加速度、速度及 JR 力傳感器組成。外界檢測傳感器是機器人用以感受周圍環境、目標物的狀態特徵信息的傳感器，從而使機器人對環境有自校正和自適應能力。外界檢測傳感器通常包括觸覺、接近覺、視覺、聽覺、嗅覺、味覺等傳感器。機器人傳感器是機器人研究中必不可缺的重要課題，需要有更多的、性能更好的、功能更強的、集成度更高的傳感器來推動機器人的發展。

7.1.1 內部感知單元

內部傳感器主要用於測量機器人自身的功能元件。具體的檢測對象有：關節的線位移、角位移等幾何量；速度、加速度等運動量；傾斜角和振動等物理量。內部傳感器常用於控制系統中作為反饋元件，檢測機器人自身的各種狀態參數，如關節的運動位置、速度、加速度、力和力矩等。常用傳感器種類見表 7-1。

表 7-1 常用傳感器種類

傳感器	種類
特定位置、角度傳感器	微型開關、光電開關
任意位置、角度傳感器	電位器、旋轉變壓器、碼盤、關節角傳感器
速度、角速度傳感器	測速發電機、碼盤
加速度傳感器	應變片式、伺服式、壓電式、電動式
傾斜角傳感器	液體式、垂直振子式
方位角傳感器	陀螺儀、地磁傳感器

(1) 位移傳感器

機器人按照位移的特徵，可以分為線位移和角位移。線位移是指機器人沿著某一條直線運動的距離，角位移是指機器人繞某一點轉動的角度。

① 電位器式位移傳感器。電位器式位移傳感器由一個線繞電阻（或薄膜電阻）和一個滑動觸點組成，其中滑動觸點通過機械裝置受被檢測量的控制。當被檢測的位置量發生變化時，滑動觸點也發生位移，從而改變了滑動觸點與電位器各端之間的電阻值和輸出電壓值，根據這種輸出電壓值的變化，可以檢測出機器人各關節的位置和位移量。

② 直線型感應同步器。直線型感應同步器由定尺和滑尺組成。定尺和滑尺間保證一定的間隙，一般為 0.25mm 左右。在定尺上用鋁箔製成單相均勻分布的平面連續繞組，滑尺上用鋁箔製成平面分段繞組。繞組

和基板之間有一厚度為 0.1mm 的絕緣層，在繞組的外面也有一層絕緣層，為了防止靜電感應，在滑尺的外邊還黏貼一層鋁箔。定尺固定在設備上不動，而滑尺可以在定尺表面上來回移動。

③ 圓形感應同步器。圓形感應同步器主要用於測量角位移，它由定子和轉子兩部分組成。在轉子上分布著連續繞組，繞組的導片沿圓周的徑向均勻分布。在定子上分布著兩相扇形分段繞組。定子與轉子的截面構造與直線型同步器是一樣的，為了防止靜電感應，在轉子繞組的表面黏貼一層鋁箔。

里程計可以用來反饋電機測量輪子走了多遠，即機器人行走的距離。它可以用來配合攝像頭進行自定位與導航。

里程計是一種利用從移動傳感器獲得的數據來估計物體位置隨時間的變化而改變的方法。該方法被用在許多機器人系統（輪式或者腿式）中，用來估計而不是確定這些機器人相對於初始位置移動的距離。這種方法對由速度對時間積分來求得位置的估計時所產生的誤差十分敏感。快速、精確的數據採集，設備標定以及處理過程對於高效地使用該方法是十分必要的。

假設一個機器人在其輪子或腿關節處配備有旋轉編碼器等設備，當它向前移動一段時間後，想要知道大致的移動距離，藉助旋轉編碼器，可以測量出輪子旋轉的圈數，如果知道輪子的周長，便可以計算出機器人移動的距離。

假設有一個簡單的機器人，配備兩個能夠前後移動的輪子，這兩個輪子是平行安裝的，並且相距機器人中心的距離是相等的，每個電機都配備一個旋轉編碼器，我們便可以計算出任意一個輪子向前或向後移動一個單位時，機器人中心實際移動的距離。該單位長度為輪子周長的某一比例值，該比例依賴於編碼器的精度。

假設左邊的輪子向前移動了一個單位，而右邊的輪子保持靜止，則右邊的輪子可以被看作是旋轉軸，而左邊的輪子沿順時針方向移動了一小段圓弧。因為我們定義的單位移動距離的值通常都很小，可以粗略地將該段圓弧看作是一條線段。因此，左輪的初始與最終位置點、右輪的位置點就構成一個三角形 A。

同時，機器人中心的初始與最終位置點，以及右輪的位置點，也構成了一個三角形 B。由於機器人中心到兩輪子的距離相等，兩三角形共用以右輪位置為頂點的角，故三角形 A 與 B 相似。在這種情況下，機器人中心位置的改變量為半個單位長度。機器人轉過的角度可以用正弦定理求出。

(2) 速度和加速度傳感器

速度傳感器有測量平移和旋轉運動速度兩種，但大多數情況下，只限於測量旋轉速度。利用位移的導數，特別是光電方法讓光照射旋轉圓盤，檢測出旋轉頻率和脈衝數目，以求出旋轉角度，以及利用圓盤製成有縫隙，通過兩個光電二極管辨別出角速度（即轉速），這就是光電脈衝式轉速傳感器。此外還有測速發電機用於測速等。

應變儀即伸縮測量儀，也是一種應力傳感器，用於加速度測量。加速度傳感器用於測量工業機器人的動態控制信號。一般由速度測量進行推演，即已知質量求物體加速度所產生動力，可應用應變儀測量此力進行推演，還有就是下面所說的方法：與被測加速度有關的力可由一個已知質量產生，這種力可以為電磁力或電動力，最終簡化為電流的測量，這就是伺服返回傳感器。

圖 7-3 所示為陀螺儀，它可以用來測角速度，以便知道機器人的方向。陀螺儀的原理是：一個旋轉物體的旋轉軸所指的方向在不受外力影響時，是不會改變的。人們根據這個道理，用它來保持方向，製造出來的東西就叫作陀螺儀。在陀螺儀工作時，要給它一個力，使它快速旋轉起來，一般能達到每分鐘幾十萬轉，可以工作很長時間。然後用多種方法讀取軸所指示的方向，並自動將數據信號傳給機器人控制系統。陀螺儀被廣泛用於航空、航天和航海領域。它有兩個基本特性：一是定軸性（inertia or rigidity）；二是進動性（precession）。這兩個特性都是建立在角動量守恆的原則下。

圖 7-3 陀螺儀

7.1.2 外部感知單元

外部傳感器主要用來檢測機器人所處環境（如是什麼物體，離物體的距離有多遠等）及狀況（如抓取的物體是否滑落）的傳感器。具體有物體識別傳感器、物體探傷傳感器、接近覺傳感器、距離傳感器、力覺傳感器、聽覺傳感器等，其具體種類見表 7-2。

表 7-2 外部傳感器種類

傳感器		種類
視覺傳感器	測量傳感器	光學式(點狀、線狀、圓形、螺旋形、光束)
	識別傳感器	光學式、聲波式
觸覺傳感器	接觸覺傳感器	單點式、分布式
	壓覺傳感器	單點式、高密度集成、分布式
	滑覺傳感器	點接觸式、線接觸式、面接觸式
力覺傳感器	力傳感器	應變式、壓電式
	力矩傳感器	組合型、單元型
接近覺傳感器	接近覺傳感器	空氣式、磁場式、電場式、光學式、聲波式
	距離傳感器	光學式、聲波式
角度覺(平衡)傳感器	傾斜角傳感器	旋轉式、振子式、擺動式
	方向傳感器	萬向節式、內球面轉動式
	姿態傳感器	機械陀螺儀、光學陀螺儀

(1) 力覺傳感器

機器人在工作時，需要有合適的握力，握力太小或太大都不合適。力或力矩傳感器的種類很多，有電阻應變片式、壓電式、電容式、電感式以及各種外力傳感器。力或力矩傳感器通過彈性敏感元件將被測力或力矩轉換成某種位移量或形變量，然後通過各自的敏感介質把位移量或形變量轉換成能夠輸出的電量。機器人常用的力傳感器可以分為以下三類。

① 裝在關節驅動器上的力傳感器，稱為關節傳感器。它測量驅動器本身的輸出力和力矩，用於控制中力的反饋。

② 裝在末端執行器和機器人最後一個關節之間的力傳感器，稱為腕力傳感器。它直接測出作用在末端執行器上的力和力矩。

③ 裝在機器人手爪指（關節）上的傳感器，稱為指力傳感器，它用來測量夾持物體的受力情況。

（2）聽覺傳感器

在某些環境中，要求機器人能夠測知聲音的音調、響度，區分左右聲源，有的甚至可以判斷聲源的大致方位，有時我們甚至要求與機器人進行語音交流，使其具備「人-機」對話功能。有了聽覺傳感器，機器人能更好地完成這些任務。

機器人的聽覺功能通過聽覺傳感器採集聲音信號，經聲卡輸入到機器人大腦。機器人擁有了聽覺，就能夠聽懂人類語言，實現語音的人工識別和理解，因此機器人聽覺傳感器可分為兩類。

① 聲檢測型。主要用於測量距離等。由於超聲波傳感器處理信息簡單、成本低、速度快，廣泛地應用於機器人聽覺傳感器上。例如，南京信息工程大學利用超聲波傳感器信息進行柵格地圖的創建，基於 Bayes 法則對多個超聲波傳感器信息進行融合，有效地解決了信息間的衝突問題，提高了地圖創建的準確性。福州大學採用擴展卡爾曼濾波器對多個超聲波傳感器和光電編碼器測量值進行融合，保證機器人有較高行走速度。北京科技大學將 16 個超聲傳感器分別安裝在機器人本體側板的 16 個柱面上，等間隔角度 22.5°，當陷入死角時能夠憑藉機器人本體後方的傳感器來檢測障礙，以實現繼續運行。Huang 等利用 3 個麥克風組成平面三角陣列定位聲源的全向軸向。也有人利用搭載在移動機器人平臺上的二維平面 4 通道十字型麥克風陣列定位說話人的軸向角和距。Valind 等放置 8 個麥克風陣列搭在 Pioneer2 機器人上，用來進行聲源軸向角和仰角定位。Tamai 等利用搭載在 Nomad 機器人上的平面圓形 32 通道麥克風陣列定位 1～4 個聲源的水平方向和垂直方向。Rodemann 等利用仿人耳蝸和雙麥克風進行聲源的 3D 方向確定。

② 語音識別。建立人和機器之間的對話。語音識別實質上是通過模式識別技術識別未知的輸入聲音，通常分為特定話者和非特定話者兩種方式，特定語音識別是預先提取特定說話者發音的單詞或音節的各種特徵參數並記錄在存儲器中，後者為自然語音識別，目前處於研究階段。從 20 世紀 50 年代 AT&TBell 實驗室開發出可識別 10 個英文單詞的 Audy 系統開始，許多發達國家如美國、日本、韓國以及 IBM、Apple、NTT 等著名公司都為語音識別系統的實用化開發研究投以巨資，中國有關這一領域研究的大學和研究機構相對較少，大部分都是從信號處理的角度對聲源定位技術進行研究，而將其應用於機器人上的比較少。近年來，哈爾濱工業大學、河北工業大學和華北電力大學都在開展機器人聽覺技術研究工作。北京航空航天大學機器人研究所也設計了一種可以按照聲音的方向向左轉或向右轉的機器人，當聲音太刺耳時，機器人會抬

起腦袋，設法躲避它。由於聽覺傳感器可彌補其他傳感器視場有限且不能穿過非透光障礙物的局限，將語音識別技術融合在移動機器人聽覺系統中有很好的實用性，河北工業大學在開發救援機器人導航系統中就涉及了語音識別技術的應用。

(3) 觸覺傳感器

機器人中的觸覺傳感器主要包括：接觸覺、壓力覺、滑覺和接近覺。初期的 Spraw Lettes 機器人和後期的六足機器人可以依靠一只長而粗的觸角進行墻的探測，以及近墻疾走；基於位置敏感探測器（PSD）的觸鬚傳感系統可進行測量物體外形、物體表面紋理信息以及利用觸鬚沿墻行走；類似的研究是北京航空航天大學利用二維 PSD 設計了一種新型的觸鬚結構，可測量機器人本體與墻之間的夾角。

針對機器人角膜移植顯微手術，北京航空航天大學選擇微力傳感器和微型電感式位移傳感器集成在機器人末端環鑽上，採用適合於 PC 機和傳感器數據採集卡的數字濾波算法排除干擾，從而使計算機獲取實時採集鑽切深度和力信息。劉伊威等人在《設計機器人靈巧手》一文中，使用了霍爾傳感器（位置感覺）、力/力矩感覺以及集成的溫度傳感器芯片（溫度感覺）等，該手指集傳感器、機械本體、驅動及電路為一體，最大限度地實現了靈巧手手指的集成化、模塊化。類似的採用剛柔結合式結構的應用有 HIT/DLR Ⅱ五指仿人型機器人靈巧手的新式微型觸覺傳感器。而東南大學在《靈巧手設計》一文中，採用模糊控制的帶有陣列式電觸覺傳感器和力傳感器。

基於電容、PVDF（聚偏氟乙烯）、光波導等技術的三維力觸覺傳感器的研究也得到了廣泛的應用，例如南安普敦大學研發出的基於厚膜壓電式傳感器的仿真手是滑覺傳感器較成功的體現，用 PVDF 薄膜製作的像皮膚一樣黏貼在假手的手指表面觸滑覺傳感器，可以安全地握取易碎或者比較柔軟的物體。一種基於 PVDF 膜的三向力傳感技術的觸覺和基於光電原理的滑覺結合的新型觸滑覺傳感器，可實現機器人的物體抓。而哈爾濱工程大學基於光纖的光強內調制原理設計了一種用於水下機器人的滑覺傳感器，採用特殊的調理電路和智能化的信息處理方法，適用於水下機器人進行作業。西安交通大學設計了基於單片機控制的光電反射式接近覺傳感器和光纖微彎力覺傳感器機器人。

(4) 視覺傳感器

現代的「五官」傳感器技術中，視覺傳感器技術的發展以及研究相比之下較成熟，特別是在機器人的應用上較為廣泛，並且不斷地推進著機器人的發展研究。在工業、農業、服務業等行業，視覺傳感器技術是機器人不可或缺的重要組成部分，視覺傳感器的性能在不同的應用中有不同的要求，其性能的好壞還會影響機器人的操作任務，為此，科研工作者們進行了一系列的研究。如一種由激光器、CCD和濾光片組成的視覺傳感器系統，體積小巧、結構緊湊、性價比高、質量輕，由於機器視覺系統採集到的數據量龐大以及實時性的要求，可用多核 DSP 並行處理的架構方式解決大量圖像數據。為了提高機器人視覺系統的圖像處理速度，可以將光學小波變換應用於視覺系統，實現圖像和信息的快速處理，針對高溫、輻射及飛濺等惡劣環境對傳感器的影響，可以採用帶冷卻系統的結構光視覺傳感器。

視覺傳感器在機器人上主要應用於方向定位、避障、目標跟蹤等。中科院採用視覺系統（單目攝像機）測量得到水下機器人與被觀察目標之間的三維位姿關係，通過路徑規劃、位置控制和姿態控制分解的動力定位方法實現機器人對被觀察目標的自動跟蹤。浙江工業大學採用一種單目視覺結合紅外線測距傳感器共同避障的策略，對採集的圖像序列信息使用光流法處理，獲得移動機器人前方障礙物的信息。為了增強傳感器的光自適應能力，四川大學以主從雙視覺傳感器實現目標識別和定位任務，採用嵌入式結構技術集成相機和處理機的採摘視覺傳感器實現了多傳感器、多視角的協調採集和數據處理。與雙目視覺傳感器相比，三維視覺傳感器在計算目標物的三維座標時不需要複雜的立體匹配過程，其核心就是三角測量技術，定位算法簡單。中國農業大學根據作物的反射光譜特性，選擇敏感波長的激光源，構建三維視覺傳感器。南京農業大學基於立體視覺系統，在圖像空間利用 Hough 變換檢測出果實目標，進而獲得目標質心的空間位置座標。中國科學院瀋陽自動化研究所採用光學原理的全方位位置傳感器系統，通過觀測路標和視角定位的方法，確定出機器人在世界座標系中的位置和方向。哈爾濱工程大學採用一個全景鏡頭和一個全景攝像機的全境圖像全景視覺系統，利用 Step-Forward 策略的模糊推理機制的運動決策，實現機器人在動態環境中快速、準確地找到一條無碰撞的路徑，最終到達目標點[1]。

科學研究的最終目的是要應用到實際生活中，視覺傳感器的研究成果在現代工業、農業以及服務業等方面都得到了體現。中科院採用疊加式構架的視覺傳感器在焊接機器人上的應用，實現了焊接機器人的自動焊接任務。天津師範工程學院採用全局視覺系統應用在全自主服務機器人上，能夠準確地為服務機器人的專家決策系統實時提供位置信息，實現了在光照連續變化的部分結構化環境中進行顏色識別。為了給老年人/

殘疾人提供各種複雜的輔助操作，研製智能陪護機器人，哈爾濱工業大學研製了一個基於兩個 CCD 攝像頭組成雙目系統的服務機器人。上海交通大學研製了採用視覺傳感器獲得目標的圖像並進行文字識別的讀書機器人，以及一種醫用機器人，通過人體肛門進入腸道進行檢查，攜帶微型攝像頭、壓力傳感器、溫度傳感器、pH 值傳感器等，從而實現腸道生理參數的檢測和治療，攜帶微型操作手進行微型手術，攜帶藥物噴灑裝置進行疾病無創診療等。湖南大學採用多傳感器結合微處理器技術與智能控制的整個系統設計，研製了將智能安全報警及消防滅火、嵌入式語音識別、自主回歸充電、家庭娛樂及家務工作等多項功能集於一身的現代智能家居機器人。北京理工大學利用安裝在車體前方的攝像頭，研製了通過無線傳輸方式反饋視頻和音頻信號，根據反饋信息，利用航模遙控器控制機器人前進、後退、變速及轉彎等的偵查機器人[2]。

Kinect 骨架追蹤處理流程的核心是一個無論周圍環境的光照條件如何，都可以讓 Kinect 感知世界的 CMOS 紅外傳感器。該傳感器通過黑白光譜的方式來感知環境：純黑代表無窮遠，純白代表無窮近。黑白間的黑色地帶對應物體到傳感器的物理距離。它收集視野範圍內的每一點，並形成一幅代表周圍環境的景深圖像。傳感器以每秒 30 幀的速度生成景深圖像流，實時 3D 再現周圍環境。

Kinect 需要做的下一個工作就是尋找圖像中可能是人體的移動物體，就像人眼下意識地聚焦在移動物體上那樣。接下來，Kinect 會對景深圖像進行像素級評估，來辨別人體的不同部位。同時，這一過程必須以優化的預處理來縮短響應時間。Kinect 採用分割策略將人體從背景環境中區分出來，即從噪聲中提取有用信號。

圖 7-4 所示為上海大學自強隊家庭服務機器人現階段所使用的視覺傳感器 Kinect。它是目前雙目視覺系統中應用最多的傳感器。Kinect 傳感器主要由紅外攝像機、紅外深度攝像頭、彩色攝像頭、麥克風陣列和仰角控制馬達組成。紅外攝像機、紅外深度攝像頭、彩色攝像頭為 Kinect 的 3 隻「眼睛」，L 型布局的麥克風系列是 Kinect 的 4 隻「耳朵」。紅外攝像機能主動投射近紅外光譜，照射到粗糙物體時光譜便會扭曲，形成隨機的反射斑點，叫作散斑，進而能被紅外攝像頭獲取。紅外攝像頭獲取散斑後，分析紅外光譜，創建可視範圍內的物體深度圖像，同時彩色攝像頭用於拍攝視角範圍內的彩色視頻圖像。L 型布局的麥克風陣列，4 個麥克風同時採集聲音、過濾背景噪聲，從而能更精確地定位聲源。可編程控制仰角的馬達，用來獲取最佳視角。

圖 7-4　Kinect 傳感器

2010 年 6 月 14 日，微軟發布 XBOX360 體感周邊外設，Kinect 即為該周邊外設的名字。值得注意的是，PrimeSence 技術是 Kinect 傳感器的基礎，工作原理非常簡單。Soc 是一款完美支持 PrimeSence 技術的產品，獨立地管理音頻和視頻信息，這些信息都可以通過 USB 連接進行訪問，Kinect 傳感器的控制結構如圖 7-5 所示。

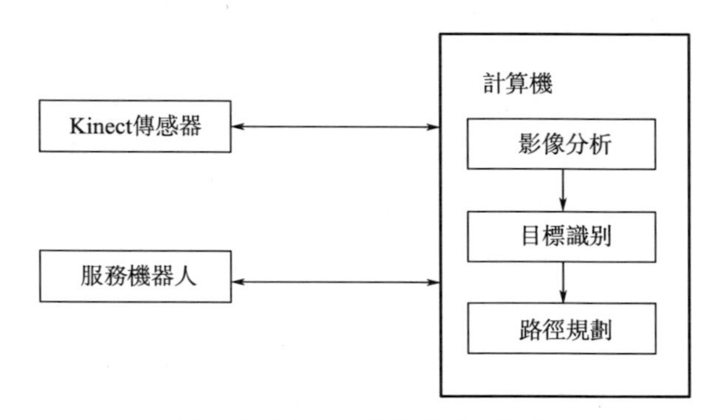

圖 7-5　Kinect 傳感器控制結構

RoboCup 家庭組家庭服務機器人中的 Kinect 傳感器通過抓取物體的深度信息來確定物體的位置，其中微軟推出的 XBOX360 體感傳感器將服務機器人採集到的視頻流輸入上位機（上位機即計算機）。根據一些算法，上位機針對這些大量的數據進行處理，再將處理得到的數據發送給運動模塊或者語音模塊。

7.1.3 特殊感知單元

隨著機器人產業的蓬勃發展，具有某些特殊功能的機器人也相繼出現，其中包含一些特殊的傳感器，如嗅覺傳感器、味覺傳感器等。它們的出現為機器人全面智能化提供了更加有力的基礎保障。

(1) 嗅覺傳感器

目前具有嗅覺功能的擬人機器人尚不多見，主要原因是人們對於機器人嗅覺的研究仍處於初級階段，技術尚未成熟，關於機器人嗅覺的研究更多的是集中在移動機器人的嗅覺定位領域。

機器人嗅覺問題的研究中，主要採用了以下三種方法來實現機器人嗅覺功能。

① 在機器人上安裝單個或多個氣體傳感器，再配置相應的處理電路來實現嗅覺功能。Ishidal 等人採用 4 個氣體傳感器和 4 個風速傳感器製成了氣味方向探測裝置，充分利用氣味信息和風向信息完成味源搜索。Pyk 研製了一個裝有六陣列金屬氧化物氣體傳感器和風向標式風向傳感器的移動人工蛾，並利用它在風洞中模擬了飛蛾橫越風向和逆風而上的跟蹤信息素的運動方式。類似的研究是在移動機器人上安裝一對氣體傳感器，比較兩個傳感器的輸出，令機器人向著濃度高的方向移動。曹為等人在煤礦救災機器人上安裝了瓦斯傳感器和 O_2、CO 傳感器。莊哲民等人將半導體氣體傳感器陣列與神經網絡相結合，構建了一個用於臨場感機器人的人工嗅覺系統，用於氣體的定性識別。

② 自行研製的嗅覺裝置，Kuwana 使用活的蠶蛾觸角配上電極構造了兩種能感知信息素的機器人嗅覺傳感器，並在信息素導航移動機器人上進行了信息素煙羽的跟蹤試驗，德國蒂賓根大學的 Achım Lilientha 和瑞典厄勒布魯大學的 Tom Duckett 合作研製了 Mark Ⅲ型立體式電子鼻，它和一臺 Koala 移動機器人構成了移動電子鼻。

③ 採用電子鼻（亦稱人工鼻）產品，Rozas 等將人工鼻裝在一個移動機器人上，通過追蹤測試環境中的氣體濃度而找到氣味源[3]。

(2) 味覺傳感器

整體味覺傳感器在機器人上的應用相對於其他傳感器來說較少。當口腔含有食物時，舌頭表面的活性酶有選擇地跟某些物質起反應，引起電位差改變，刺激神經組織而產生味覺。基於上述機理，人們研製了味覺傳感器。人工味覺傳感器主要由傳感器陣列和模式識別系統組成，傳感器陣列對液體試樣作出響應並輸出信號，信號經計算機系統進行數據處理和模式識別後，得到反映樣品味覺特徵的結果。目前運用廣泛的生物模擬味覺和味覺傳感系統根據對接觸味覺物質溶液的類脂/高聚物膜產生的電勢差的原理製成一多通道味覺傳感器。日本九州大學 Toko K 等設計了能鑒別 12 種啤酒的多通道類脂膜味覺傳感器。瑞典 Linkpoing 大學 Fredrik Winquist 課題小組採用的則是伏安型的三電極結構惰性貴金屬傳感器陣列。

生物的嗅覺是用來檢測具有揮發性的氣體分子的，而味覺傳感器是用來檢測液態中的非揮發性的離子和分子的感受器官。味覺傳感器的研究取得了一些進展，已經成功提取並量化了米飯、醬油、飲料和酒的味覺信號。南昌大學採用鉑工作電極（PtE）為基底，傳感器陣列由 8 個固態 PPP 味覺傳感器與 217 型飽和雙鹽橋甘汞電極組成，採用主成分分析和聚類分析等模式識別工具識別與分析不同樣品的味覺特徵。儘管目前機器人的味覺功能的研究還不成熟，但是中國內外的研究機構都在努力地進行這項試驗研究。在未來家居機器人的構想下，已有相應的機構開發出了烹飪機器人等家居機器人，味覺傳感器技術在家居機器人中的發展空間很大。

加載有不同傳感器的服務機器人將變得更加智能，就人類來說，70％以上的信息是通過眼睛獲得的，同樣，機器人也是，機器人通過視覺獲取信息並進行處理，被稱為機器視覺。下節介紹機器視覺的原理及應用。

7.2 機器視覺

機器視覺從 20 世紀 60 年代開始首先處理積木世界，後來發展到處理室外的現實世界。20 世紀 70 年代以後，體現實用性的視覺系統出現了，而視覺傳感系統的設計初衷正是為了實現比人類眼睛更優秀的功能。

機器視覺是一門涉及人工智能、神經生物學、心理物理學、計算機科學、圖像處理、模式識別等諸多領域的交叉學科。機器視覺主要利用計算機來模擬人類視覺或再現與人類視覺有關的某些智能行為，從客觀事物的圖像中提取信息進行處理，並加以理解，最終用於實際檢測和控制。主要應用於如工業檢測、工業探傷、精密測控、自動生產線、郵政自動化、糧食選優、顯微醫學操作以及各種危險場合工作的機器人中[4]。

機器視覺系統是一種非接觸式的光學傳感系統，它同時集成軟硬件，能夠自動地從採集到的圖像中獲取信息或者產生控制動作。簡而言之，機器視覺就是用機器代替人眼來做測量和判斷。機器視覺系統可提高生產線的柔性和自動化程度，在一些不適合人工作業的危險工作環境或人工視覺難以滿足要求的場合，常用機器視覺來替代人工視覺。在大批量工業生產過程中，由於人的主觀作用，造成人工視覺檢查產品質量效率低且精度不高，用機器視覺方法檢測可以大大提高生產效率和生產的自動化程度。而且機器視覺易於實現信息集成，是實現計算機集成製造的基礎技術。

7.2.1 機器視覺的組成

從原理上，機器視覺系統主要由三部分組成：圖像的採集、圖像的處理和分析、輸出或顯示。一個典型的機器視覺系統應該包括光源、光學成像系統、圖像捕捉系統、圖像採集與數字化、智能圖像處理與決策模塊和控制執行模塊，如圖 7-6 所示。從中我們可以看出，機器視覺是一項綜合技術，其中包括數字圖像處理技術、機械工程技術、控制技術、光源照明技術、光學成像技術、傳感器技術、模擬與數字視頻技術、計算機軟硬件技術、人機接口技術等[5]。只有這些技術相互協調應用才能構成一個完整的機器視覺應用系統。機器視覺應用系統的關鍵技術主要體現在光源照明技術、光學鏡頭、攝像機（CCD）、圖像採集卡、圖像信號處理以及執行機構等。以下分別就各方面展開論述。

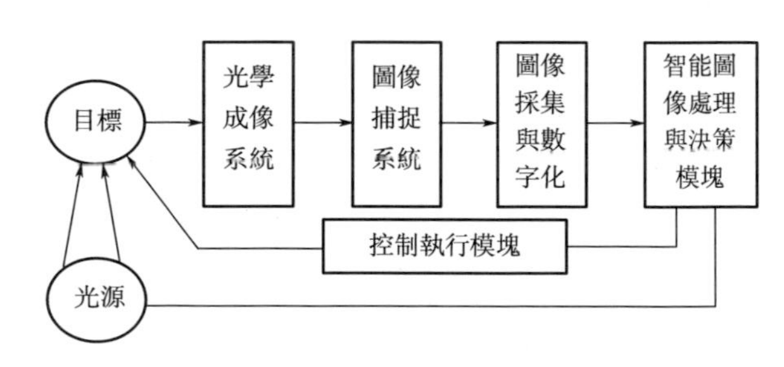

圖 7-6　典型機器視覺系統

（1）光源照明技術

光源照明技術對機器視覺系統性能的好壞起著至關重要的作用。光源應該具有以下幾點特徵：盡可能突出目標的特徵，在物體需要檢測的部分與非檢測部分之間盡可能產生明顯的區別，增加對比度；保證足夠的亮度和穩定性；物體位置的變化不應影響成像的質量[6]。機器視覺應用系統中一般使用透射光和反射光。對於反射光情況，應充分考慮光源和光學鏡頭的相對位置、物體表面的紋理、物體的幾何形狀等要素。光源設備的選擇必須符合所需的幾何形狀，同時，照明亮度、均勻度、發光的光譜特性也必須符合實際的要求，此外還要考慮光源的發光效率和使用壽命。

(2) 光學鏡頭

光學鏡頭成像質量優劣程度可以用像差的大小來衡量，常見的像差有球差、彗差、像散、場曲、畸變、色差六種。在選用鏡頭時需要考慮以下問題。

① 成像面大小。成像面是入射光通過鏡頭後所成像的平面，這個面是一個圓形。一般使用 CCD 相機，其芯片大小有 1/3in、1/2in、2/3in 及 1in 4 種，在選用鏡頭時要考慮該鏡頭的成像面與所用的 CCD 相機是否匹配。

② 焦距、視角、工作距離、視野。焦距是鏡頭到成像面的距離；視角是視線的角度，也就是鏡頭能看多寬；工作距離是鏡頭的最下端到景物之間的距離；視野是鏡頭所能夠覆蓋的有效工作區域。以上四個概念相互之間是有關聯的，其關係是：焦距越小，視角越大，最小工作距離越短，視野越大。

(3) 攝像機 (CCD)

CCD (charge coupled device) 是美國人 Boyle 發明的一種半導體光學器件，該器件具有光電轉換、信息存儲和延時等功能，並且集成度高、能耗小，故一出現就在固體圖像傳感、信息存儲和處理等方面得到廣泛應用。CCD 攝像機按照其使用的 CCD 器件分為線陣式和面陣式兩大類，其中，線陣 CCD 攝像機一次只能獲得圖像的一行信息，被拍攝的物體必須以直線形式從攝像機前移過，才能獲得完整的圖像；而面陣攝像機可以一次獲得整幅圖像的信息。目前在機器視覺系統中以面陣 CCD 攝像機應用較多。

(4) 圖像採集卡

圖像採集卡是機器視覺系統中的一個重要部件，它是圖像採集部分和圖像處理部分的接口。一般具有以下功能模塊。

① 圖像信號的接收與 A/D 轉換模塊。負責圖像信號的放大與數字化，如用於彩色或黑白圖像的採集卡，彩色輸入信號可分為複合信號或 RGB 分量信號。同時，不同的採集卡有不同的採集精度，一般有 8bit 和 10bit 兩種。

② 攝像機控制輸入輸出接口。主要負責協調攝像機進行同步或實現異步重置拍照、定時拍照等。

③ 總線接口。負責通過 PC 機內部總線高速輸出數字數據，一般是 PCI 接口，傳輸速率可高達 130Mbps，完全能勝任高精度圖像的實時傳輸，且占用較少的 CPU 時間。在選擇圖像採集卡時，主要應考慮到系統

的功能需求、圖像的採集精度和與攝像機輸出信號的匹配等因素。

(5) 圖像信號處理

圖像信號處理是機器視覺系統的核心。視覺信息處理技術主要依賴於圖像處理方法，它包括圖像增強、數據編碼和傳輸、平滑、邊緣銳化、分割、特徵抽取、圖像識別與理解等內容。經過這些處理後，輸出圖像的質量得到相當程度的改善，既優化了圖像的視覺效果，又便於計算機對圖像進行分析、處理和識別。隨著計算機技術、微電子技術以及大規模集成電路技術的發展，為了提高系統的實時性，圖像處理的很多工作都可以藉助於硬件完成，如 DSP 芯片、專用圖像信號處理卡等，而軟件則主要完成算法中非常複雜、不太成熟或尚需不斷探索和改進的部分。

(6) 執行機構

機器視覺系統最終功能依靠執行機構來實現。根據應用場合不同，執行機構可以是機電系統、液壓系統、氣動系統中的一種。無論哪一種，除了要嚴格保證其加工製造和裝配的精度外，在設計時還需要對動態特性，尤其是快速性和穩定性給予充分重視。

7.2.2 機器視覺的工作原理

視覺系統的輸出並非圖像視頻信號，而是經過運算處理之後的檢測結果，採用 CCD 攝像機將被攝取目標轉換成圖像信號，傳送給專用的圖像處理系統，根據像素分布和亮度、顏色等信息，通過 A/D 轉變成數字信號；圖像系統對這些信號進行各種運算來提取目標的特徵（面積、長度、數量及位置等）；根據預設的容許度和其他條件輸出結果（尺寸、角度、偏移量、個數、合格/不合格及有/無等）。上位機實時獲得檢測結果後，指揮運動系統或 I/O 系統執行相應的控制動作。

(1) 雙目視覺的信息獲取

雙目視覺是機器視覺的一個重要分支，它是由不同位置的兩臺攝像機經過移動或旋轉拍攝同一幅場景，獲得圖像信息後，通過計算機計算空間點在兩幅圖像中的視差，可以得到該物體的深度信息，獲得該點的座標，此即視差原理[7]。下文將以雙目視覺為例來重點講解機器視覺的工作原理。雙目視覺系統的傳感器代替了人的眼睛，計算機代替了人的大腦，通過匹配算法找到多幅圖片中的同名點，從而利用同名點在不同圖片中的位置不同產生的相差，採用三角定位的方法還原出深度信息。其原理如圖 7-7 所示。

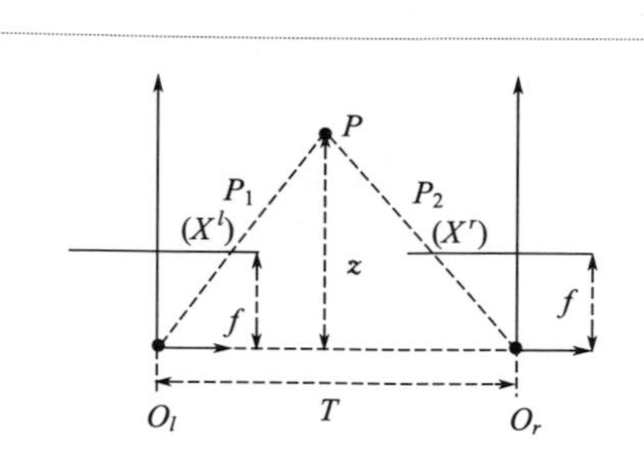

圖 7-7　雙目視覺系統原理

圖中 O_l 和 O_r 是雙目視覺系統的兩個攝像頭，P 是特測目標點，左右兩個攝像頭的光軸平行，間距是 T，焦距都是 f。對於空間任意一點 P，通過攝像機 O_l 觀察，看到它在攝像機 O_l 上的成像點為 P_1，X 軸上的座標為 X_1，但無法由 P 的位置得到 P_1 的位置。實際上，在 O_lP 連線上任一點都是 P_1。所以如果同時用 O_l 和 O_r 這兩個攝像機觀察 P 點，由於空間 P 既在直線 O_lP_1 上，又在 O_rP_2 直線上，所以 P 點是兩直線 O_lP_1 和 O_rP_2 的交點，換句話說，P 點的三維位置是唯一確定的。

$$d=X^l-X^r \tag{7-1}$$

$$\frac{T-d}{Z-f}=\frac{T}{Z} \tag{7-2}$$

由此得到：

$$Z=\frac{fT}{d} \tag{7-3}$$

由式(7-3) 可知，視差與深度成反比關係。不難得知，通過兩個攝像頭拍攝同一點，由於成像位置不同而產生的視差計算該點的深度信息是比較容易的，即只要能夠在兩攝像頭拍攝到的圖片中確定同一個目標，就能得知該目標的座標，而難點在於分析視差信息。傳統的圖像匹配算法需要進行大量的循環運算來完成這個過程，對於實時性要求高的工程應用，必須對圖像匹配的過程進行優化，提高算法的實時性。

(2) 雙目視覺的信息處理

基於雙目視覺系統的障礙物檢測是障礙物檢測中比較常用的方法，相比於超聲波等其他檢測方法，視覺系統接收到的信息包含更加廣泛的數據，可以檢測到更多其他方法檢測不到的信息。

基於雙目視覺系統的障礙物檢測通常按以下的步驟進行。

① 圖像採集。雙目視覺系統利用兩個攝像頭從不同的角度同時拍攝照片，獲得待處理的圖片。

② 圖像分割。通過閾值法、邊緣法、區域法等圖像分割方法將目標從圖像背景中分離出來，本書主要講述閾值法分割。

③ 目標匹配。圖像分割後，對多幅圖片進行同名點匹配，從匹配結

果中可以獲得同一個目標在多幅圖片上的視差，最後計算出該目標的實際座標。

雙目視覺系統處理流程如圖 7-8 所示。

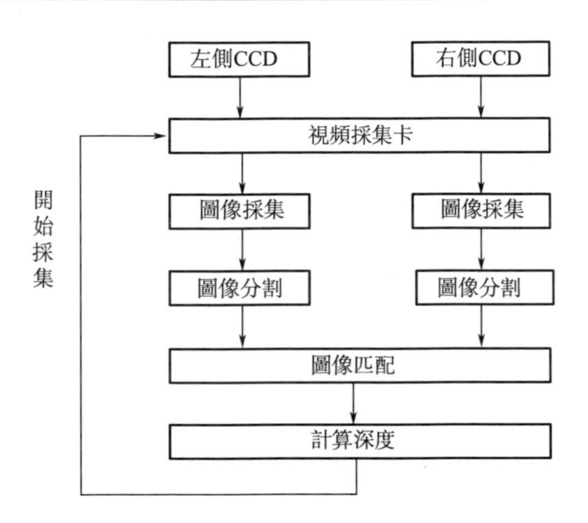

圖 7-8　雙目視覺系統處理流程

下面分別對各步驟依次進行詳細的說明。

① 圖像採集。圖像採集是圖像信息處理的第一個步驟，此步驟要為圖像分割、圖像匹配和深度計算提供分析和處理的對象。

圖像採集用的攝像頭分為電子管式攝像頭和固體器件攝像頭兩種，目前普遍採用 CCD 攝像頭。本書採用 CCD 攝像頭和圖像採集卡在計算機的控制下完成圖像輸入、數字化和預處理工作。CCD 攝像頭先將局部視場內的光學圖像信號轉換成為帶有圖像空間信息的電信號，然後與同步信號合成完整的視頻信號，利用同軸電纜傳輸給圖像採集卡；視頻信號經過圖像採集卡上的 A/D 轉換成為數字式圖像數據，存放在採集卡的幀存儲器中，供計算機進行各種處理操作。

視覺圖像是模擬量，要對視頻圖像進行數字化才能輸入計算機。視頻圖像採集卡可以將攝像頭攝取的模擬圖像信號轉換成數字圖像信號，使計算機得到所需要的數字圖像信號。轉換後的數字圖像信號存儲在圖像採集卡上的幀存儲器內，該存儲器被映射為微機內存的一部分，微機可通過訪問這部分內存處理圖像。圖像數字化後，我們從計算機上所得的圖像數據是由一個個像素所組成的，每個像素都對應於物體上的某一點。

② 圖像分割。圖像分割的目的是將圖像劃分成若干個有意義的互不

相交的小區域，或者是將目標區域從背景中分離出來。小區域是具有共同屬性並且在空間上相互連接的像素的集合[8]。

a. 閾值分割原理。一幅圖像包括目標、背景和噪聲，設定某一閾值 T 將圖像分成兩部分：大於等於 T 的像素群和小於 T 的像素群。

$$f'(x,y)=\begin{cases}1 & f(x,y)\geqslant T\\ 0 & f(x,y)<T\end{cases} \tag{7-4}$$

在實際處理時，為了顯示需要一般用 255 表示背景，用 0 表示對象物。

由於實際得到的圖像目標和背景之間不一定單純地分布在兩個灰度範圍內，此時就需要兩個或兩個以上的閾值來提取目標。

$$f'(x,y)=\begin{cases}1 & T_1\leqslant f(x,y)\leqslant T_2\\ 0 & \text{其他}\end{cases} \tag{7-5}$$

圖像閾值化分割是一種傳統的最常用的圖像分割方法，因其實現簡單、計算量小、性能較穩定而成為圖像分割中最基本和應用最廣泛的分割技術。它特別適用於目標和背景占據不同灰度級範圍的圖像。

b. 閾值分割方法分類。

• 直方圖閾值分割。20 世紀 60 年代中期，Prewitt 提出了直方圖雙峰法，即如果灰度級直方圖呈明顯的雙峰狀，則選取兩峰之間的谷底所對應的灰度級作為閾值。

• 最佳閾值分割。使圖像中目標物和背景分割錯誤最小的閾值。

• 均值迭代閾值分割。選擇一個初始的估計閾值 T（可以用圖像的平均灰度值作為初始閾值），用該閾值把圖像分割成兩個部分 R_1 和 R_2，分別計算 R_1 和 R_2 的灰度均值 μ_1 和 μ_2，選擇一個新的閾值 $T=(\mu_1+\mu_2)/2$，重複直至後續迭代中平均灰度值 μ_1 和 μ_2 保持不變。

③ 目標匹配。在機器識別事物的過程中，常常需要把不同傳感器或同一個傳感器在不同時間、不同成像條件下對同一景物獲取的兩幅或多幅圖像在空間上對準，或根據已知模式到另一幅圖中尋找響應的模式，這就叫匹配[9]。

目標匹配是雙目視覺系統信息處理中的關鍵技術，因為要取得障礙物的位置信息，就必須對從圖像中分離出來的目標信息進行匹配處理[10]。當空間三維場景被投影為二維圖像時，受場景中光照強度和角度、景物幾何形狀、物理特性、噪聲干擾以及攝像頭特性等因素的影響，同一景物在不同視點下的圖像會有一定不同，要快速準確地對包含以上不利因素的圖像進行匹配具有一定的難度。目前常用的目標匹配算法如表 7-3 所示。

表 7-3 常用目標匹配算法

目標匹配算法		算法介紹
局部匹配	區域匹配	在一定的區域內尋找最小的誤差
	基於梯度的優化	通過梯度優化,使某度量函數的相似性最小化
	特徵匹配	對可靠的特徵進行匹配
全局匹配	動態規劃	找出一條最好的路徑給掃描線的視差表面
	本征曲線	通過將掃描線映射到本征曲線空間,使得搜索空間轉換為最近鄰域查找問題
	圖切法	把視差表面確定為圖中最大流的最小割
	非線性融合	應用局部擴散過程統計支持率
	置信度傳播	根據在置信度網絡中傳遞的信息求視差
	非對應性方法	在目標函數的基礎上,剔除場景模型中的有誤元素

雙目視覺系統的目標匹配有多種算法，發展了很多年，其主要目的是對參考圖和目標圖之間的像素的相對匹配關係進行計算，一般由以下幾個步驟組成。

① 匹配誤差計算。

② 誤差集成。

③ 視差圖優化。

④ 視差圖校正。

在這裏，其實就是對 Kinect 傳感器輸入的大量數據進行了計算，這裏的計算時間就是我們平時能感覺到的服務機器人的「考慮」時間，「考慮」時間越短，代表計算機對數據處理速度越快，計算機性能越好。

⑤ 障礙物識別。

在實際的雙目視覺系統信息獲取過程中，環境中靜止的物體或是移動的人體都是障礙物，那麼雙目視覺系統對這些障礙物的識別則稱為障礙物識別。其中，對靜止的物體的識別稱為靜態障礙物識別，對移動的人體的識別稱為動態障礙物識別。

基於雙目立體視覺的障礙物檢測的關鍵在於以下兩點。

a. 檢測障礙物目標的提取，即識別出障礙物在圖像中的位置和大小。

b. 檢測障礙物目標區域圖像對之間的立體匹配點，從而得到障礙物目標的深度信息。

障礙物識別方法分為靜態障礙物識別和動態障礙物識別，其中靜態障礙物識別方法是目前運用最多的，但其中也存在很多問題，接下來本書會詳細闡述。

a. 靜態障礙物識別。基於雙目立體視覺的障礙物檢測方法可以進一步分為單目檢測和雙目檢測，單目檢測實質是先通過單幅圖像檢測障礙物在圖像上的位置，再用雙目立體視覺計算障礙物的空間信息。

簡單地說，基於雙目立體視覺的障礙物的識別方法主要是通過判別圖像中像素點是否在服務機器人的行進路面上。當然，在進行障礙物識別之前，首先需要對攝像機系統進行標定，求出攝像機的各個參數，確定攝像組之間的相對位置關係。

傳統的基於雙目立體視覺的障礙物的識別方法是：首先計算服務機器人的行進道路前方拍攝圖像中需要判定的每一個像素點，得到前方物體的高度信息。當物體的高度值高於或低於地面一定閾值的點被認為是障礙點，否則識別為可行進區域。攝像機標定完後，還需要對左右兩攝像頭拍攝到的兩幅圖像對中的像素點進行匹配，根據匹配的像素對的圖像座標值進行空間地圖重建。傳統的障礙識別方法比較簡單，但如果用此種方法對所得圖像中的所有的像素都進行相應的匹配，然後再進行二維地圖重建，則計算複雜，不能滿足服務機器人障礙物識別的實時性要求。

傳統的基於雙目立體視覺的障礙物的識別方法通常採用 3D 重建技術，計算相當複雜，因此運用傳統的障礙物識別方法的服務機器人的避障的實時性較差。

現在也有一些研究人員提出靜態障礙物識別的另一種方法，即障礙物特徵識別，所運用的方法是閾值分割方法。障礙物識別流程如圖 7-9 所示。

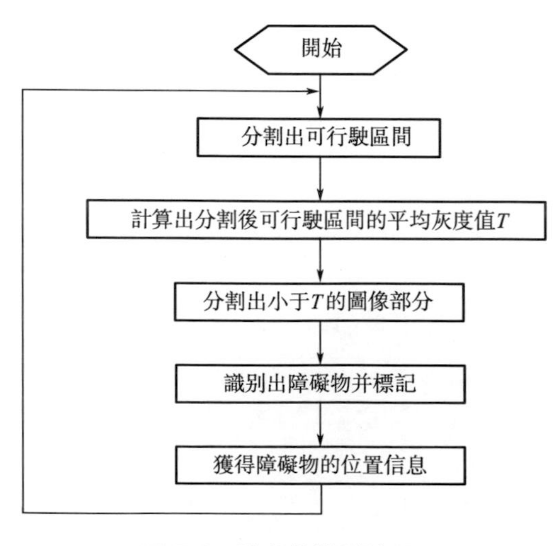

圖 7-9　障礙物識別流程

障礙物就是在平均灰度圖的基礎上小於平均值的部分，並且用最小矩形框標出，效果如圖 7-10 所示。

圖 7-10 靜態障礙物識別例圖

從圖 7-10 中可以看出，左車道附近的石子已被方框標記出來，表示已被機器人識別，同時也識別出車底的陰影部分，由此來確定車輛的位置信息。但此種方法存在一個問題，即若障礙物面積和形狀與車底陰影部分相似，那麼車輛的位置信息很有可能被錯誤識別。

b. 動態障礙物識別。目前雙目視覺系統的障礙物識別應用較多的是靜態障礙物識別，動態障礙物識別也逐漸運用起來。動態障礙物識別中最典型的障礙物識別便是運動的人體或者是機器人本身的移動、旋轉。動態障礙物識別方法是基於安裝在服務機器人底板的激光測距儀對目標人物進行識別，不論是服務機器人自身的移動、旋轉或是有人體的站立、行走等動態干擾，動態障礙物識別方法基本上都能比較準確地判斷齣目標障礙物的位置、大小以及高度[11]。

國外也有很多組織在研究服務機器人的動態障礙物識別，比如有些機構在研究 RGBD 傳感器用來做障礙物識別的傳感器。但是 RGBD 傳感器並沒有被廣泛使用，其原因是存在以下幾個缺陷。

- 目標障礙物要保證不能被其他障礙物所遮擋。
- 有限的測量角度使測量的周圍環境空間受限。
- 不適用於移動的平臺。
- 此種方法的動態障礙物識別需要特殊的設備且花費昂貴。

目前動態障礙物識別方法的原理是利用傳感器識別人體的腰部以下的位置，但是這種方法存在一個問題，若目標障礙物是穿裙子的女性，那麼此方法便不能判斷這個女性是目標障礙物。

雙目視覺系統在進行障礙物識別之後，便要進行周圍環境的二維地圖構建，再規劃避障路徑，從而我們能看到機器人移動。避障路徑如圖 7-11 所示。

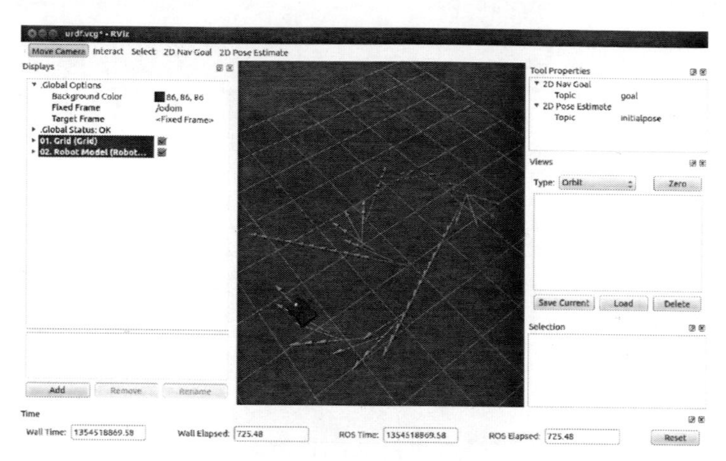

圖 7-11　避障路徑

無論是基於雙目視覺系統的靜態障礙物識別還是動態障礙物識別，服務機器人都能夠根據雙目視覺系統的識別情況切換到障礙躲避方法並規劃障礙躲避路徑。

7.2.3 機器視覺在服務機器人上的應用

機器視覺的最大優點是與被觀測對象無接觸，對觀測與被觀測者都不會產生任何損傷，十分安全可靠。理論上，人眼觀察不到的範圍機器視覺也可以觀察，例如紅外線、微波、超聲波等，而機器視覺則可以利用這方面的傳感器件形成紅外線、微波、超聲波等圖像，且其比人眼具有更高的精度與速度，因此極大拓寬了機器視覺技術的檢測對象與範圍。正因為機器視覺所具有的諸多優點，其越來越廣泛地應用在國民經濟的各行業。下面將以農業採摘機器人為例，介紹機器人感知系統在服務機器人上的應用。

農業採摘機器人是機器人技術迅速發展的結果，是農業向自動化和智能化發展的重要標誌。目前，發達國家在農業採摘機器人研究方面居於領先地位，已研製出番茄、黃瓜、葡萄、柑橘等水果和蔬菜收穫機器人。農業採摘機器人工作於非結構性、未知的和不確定的環境中，其作業對象是隨機分布的，決定了農業採摘機器人必須具有智能化的感應能力，以適應複雜的作業環境。農業採摘機器人上傳感器的應用直接影響到農業採摘機器人對環境的感知能力，同時也影響到農業採摘機器人的智能程度，在研製不同農業採摘機器人時需要選擇簡單、穩定、易實現的傳感器以提高其作業能力。下面以農業採摘機器人為例，講述相應傳感器在其中的應用。主要以視覺傳感器、位置傳感器、力傳感器、避障傳感器為例展開。

如圖 7-12 所示為當前已經研發成功的一種農業採摘機器人。果蔬採摘機器人作業於溫室非結構環境下，是一種融合多項傳感技術的高度協同自動化系統。採摘機器人不僅需要完成作業對象信息獲取、成熟度判別，以及確定收穫目標的三維空間信息及視覺標定；同時需要引導機械手與末端執行器完成抓取、切割、回收任務。長遠來看，研究果蔬採摘機器人旨在降低人工採收勞動強度，推動溫室果蔬自動化採收技術發展。當前來講，研製果蔬採摘機器人可以為驗證果蔬採摘信息獲取、空間匹配及三維定位方法提供硬件平臺。

圖 7-12　農業採摘機器人

採摘機器人系統主要由雙目立體視覺系統、機械手系統（包括機械臂、末端執行器與機械手控制器）、中央控制器、導航行走平臺（包括導航攝像機與履帶平臺）、能源系統及其他附件組成，其硬件構成如圖 7-13 所示。

根據信息傳輸過程，採摘機器人又可分為三大模塊：視覺信息獲取系統、信息處理系統與動作執行系統。其中，雙目立體視覺系統與導航攝像機構成視覺信息獲取系統，為信息獲取層；中央控制器作為信息處理系統，為信息處理層；機械手系統、履帶平臺和顯示器構成動作執行系統，為信息執行層。

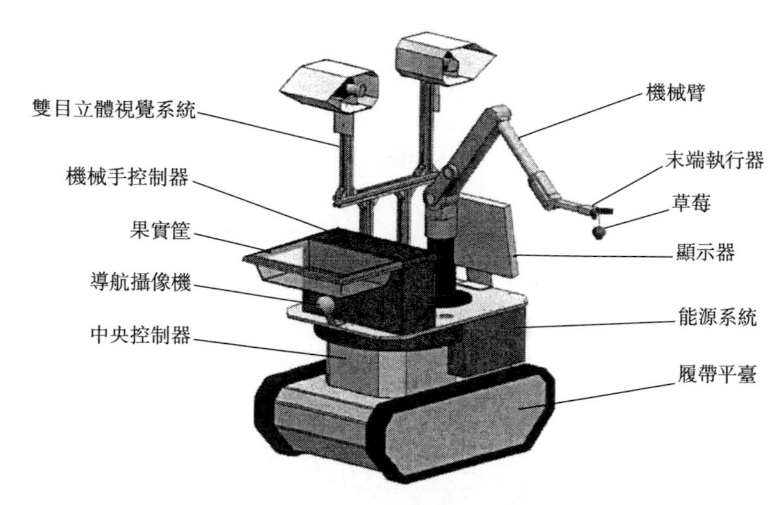

圖 7-13 採摘機器人硬件構成

如圖 7-14 所示為機器人系統信息傳輸流程，根據信息內容，又可將機器人分為導航信息系統與採摘信息系統兩大模塊。

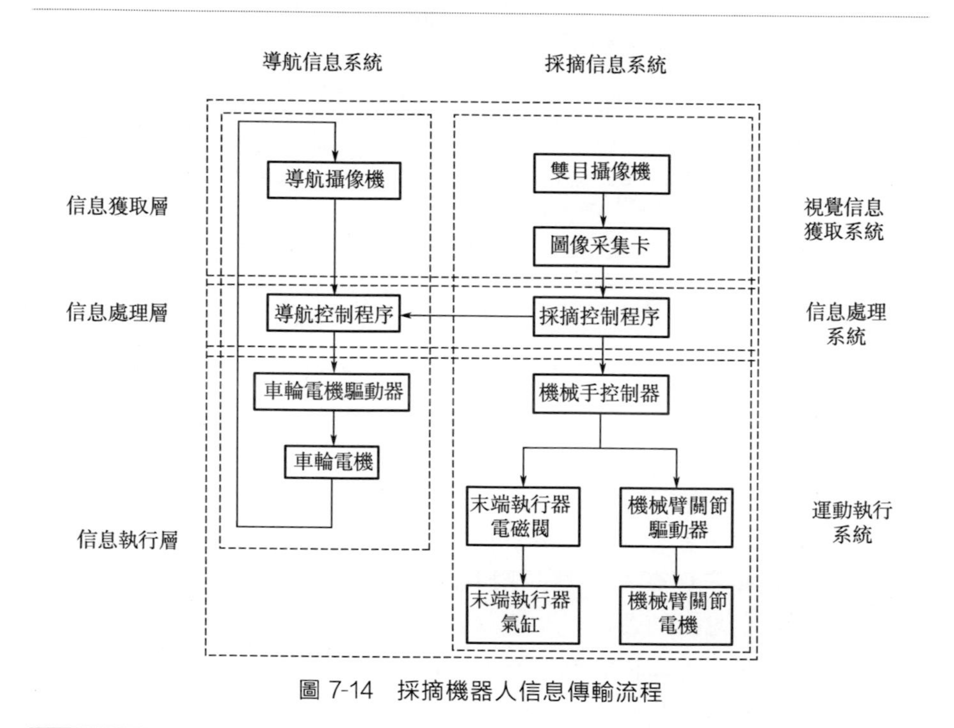

圖 7-14 採摘機器人信息傳輸流程

① 導航信息系統。通過導航攝像機實時獲取路面圖像信息，將圖像數據傳輸至中央控制器。中央控制器調用導航控制程序，計算獲得車輪電機驅動器轉向所需的導航控制參數，最終通過控制車輪電機轉速實現導航轉向[12]。

② 採摘信息系統。通過雙目攝像機採集對象圖像模擬信號，圖像採集卡將圖像模擬信號轉換為數字信號，中央控制器調用採摘控制程序對圖像進行處理，計算對象採摘點三維座標信息，並發送至機械手控制器。機械手控制器將一部分信號轉換為機械臂關節驅動器可識別的運動參數，由機械臂關節電機完成目標三維定位；另一部分信號由末端執行器單片機轉換為電平信號，發送至末端執行器電磁閥，最終通過末端執行器氣缸的張合動作完成果梗切割與夾持。

③ 機器人採摘信息系統發現採摘對象後向導航信息系統發送停車指令，在行走平臺停止前行後，進行後續採摘動作流程。

2007 年，中國農業大學的湯修映、張鐵中等人研製了一個六自由度的圓柱形黃瓜採摘機器人 FVHR-I，如圖 7-15 所示[13]。機器人本體結構由機身的回轉自由度和垂直移動自由度、臂部的伸縮移動自由度、腰部的三個旋轉自由度組成。各關節採用步進電機驅動，結構相對簡單，易於控制。末端執行器由一個活動刃口和固定刃口組成，僅需一個開合動作，效率較高。控制系統採用基於 PC 機和運動控制卡的多處理器開放式控制系統平臺。視覺系統採用基於 RGB 模型 G 分量的圖像分割算法，分割成功率為 70%。該機器人運動定位精度為 ±2.5mm，末端執行器的採摘成功率達到 93.3%。該機器人的結構較為笨重，果實識別處理算法的準確度還不夠高，有待進一步提高。

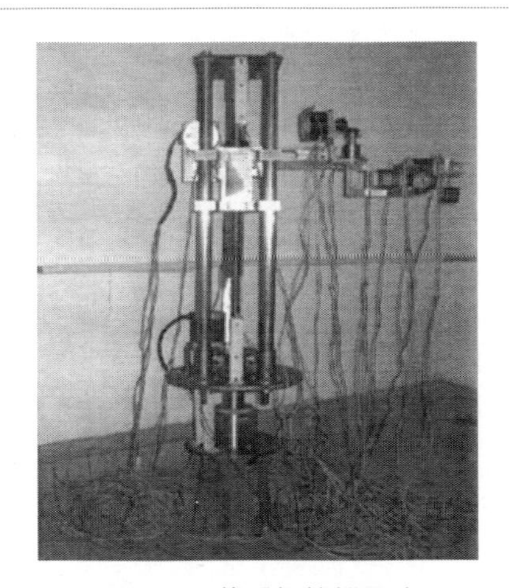

圖 7-15 黃瓜採摘機器人

由以上講述可見，服務機器人有著比人類更多的感知單元，那麼，服務機器人的能力一定強於人類嗎？服務機器人的能力在局部確實是超過了人類，但由於其大腦、小腦的限制，其綜合能力仍然不及人類。但可以預見，隨著傳感器技術的不斷提升，服務機器人的功能將會更加強大。

參考文獻

[1] 石繼雨．機器人雙目立體視覺技術研究[D]．哈爾濱：哈爾濱工程大學，2003.

[2] 胡蘭子，陳進軍．傳感器技術在機器人上的應用研究[J]．軟件，2012，33(7)：164-167.

[3] 王宏，艾海周．移動機器人體系結構與系統設計[J]. 機器人，1993 15(1)：49-54.

[4] 張五一，趙強松，王東雲．機器視覺的現狀及發展趨勢[J]. 中原工學院學報，2008，19(1)：9-15.

[5] 章毓晋．圖像理解與計算機視覺．北京：清華大學出版社，2000.

[6] 章煒．機器視覺技術發展及其工業應用[J]．紅外，2006，27(2)：11-17.

[7] 明祖衡．雙目立體視覺測距算法研究[D]. 北京：北京理工大學，2008.

[8] 蓋光建．基於圖像的特徵信息提取與目標識別[D]. 哈爾濱：哈爾濱理工大學，2009.

[9] Kolmogorov V，Monasse P，Tan P. Kolmogorov and Zabih's Graph Cuts Stereo Matching Algorithm[J]. Image Processing On Line，2014，4：220-251.

[10] Berg A，Berg T，Malik J. Shape matching and object recognition using low distortion correspondences，IEEE Computer Society Conference on Computer Vision and Pattern Recognition，2005，21：26-33.

[11] Hahnel M，Klunder D，Kraiss K. Color and texture features for person recognition. 2004， IEEE International Joint Conference on Neural Networks，2004：647-652.

[12] 盧韶芳，劉大維．自主式移動機器人導航研究現狀及其相關技術．農業機械學報[J]. 2002，3，33(2)：112-116.

[13] 劉長林，張鐵中，楊麗，等．茄子收貨機器人視覺系統圖像識別方法[J]. 農業機械學報，2008，39(11)：216-219.

第8章

服務機器人的操作系統

2007 年 1 月，比爾·蓋茨在《科學美國人》上撰文預言：機器人即將重複個人電腦崛起的道路，走進千家萬户。然而機器人行業面臨的挑戰，和 30 年前電腦行業遇到的問題「如出一轍」。

① 流行的應用程序很難在五花八門的裝置上運行。

② 在一臺機器上使用的編程代碼，幾乎不可能在另一臺機器發揮作用，如果想開發新的產品，通常要從零開始。

究其原因，由硬件和軟件造成。

① 硬件。結構和設備的標準化。

② 軟件。操作系統的完善化。

機器人操作系統使得每一位機器人設計師都可以使用同樣的平臺來進行機器人軟件開發，而服務機器人的操作系統正是服務機器人研究和發展的重點。

8.1 服務機器人的操作系統概述

服務機器人的操作系統包括硬件抽象、底層設備控制、常用功能實現、進程間消息以及數據包管理等功能，一般而言可分為底層操作系統層和實現不同功能的各種軟件包，本節將系統性的對服務機器人的操作系統以及關鍵技術進行介紹。

8.1.1 服務機器人操作系統的概述

服務機器人的操作系統是運行在機器人中、管控機器人的軟件體系。可從軟件架構、運行機制、功能和人機交互方式進行分析。

(1) 軟件架構

服務機器人的操作系統軟件架構可從縱向和橫向兩個方面分析。

① 縱向上的兩層結構包括資源管理層和行為管理層。

a. 資源管理層。資源管理層作用之一是管理與控制機器人硬件資源，屏蔽機器人硬件資源的異構性，並以優化的方式實現對硬件資源的使用。機器人的硬件資源包括：處理器、存儲器、通信設備、各類傳感器、行為部件等外設。

資源管理層另一個作用是管理機器人軟件資源，實現軟件的部署、運行和協同。同時管理數據的傳輸、存儲和處理，提供人機交互接口。資源管理層結構框架如圖 8-1 所示。

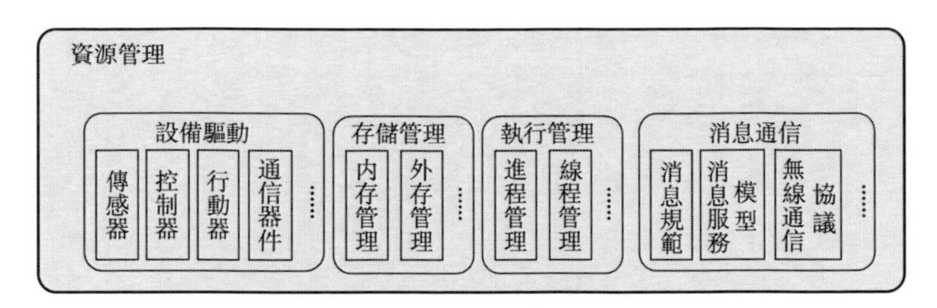

圖 8-1　資源管理層結構框架

b. 行為管理層。行為管理層是管理與控制機器人的高級認知（例如觀察、判斷、決策），並將其轉化為作用於物理世界的行動。行為管理層結構框架如圖 8-2 所示。

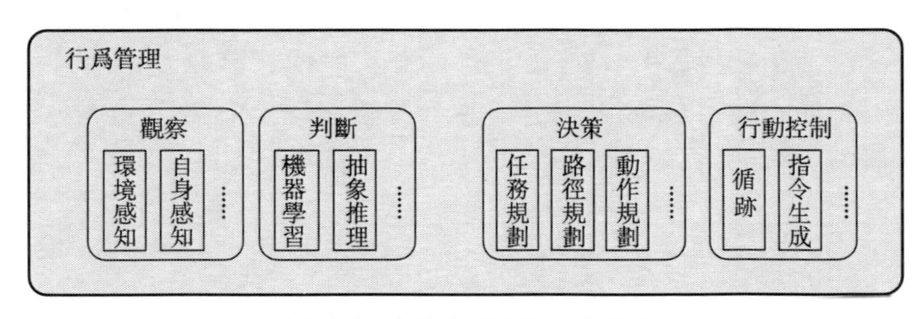

圖 8-2　行為管理層結構框架

② 軟件架構橫向上的分布式結構。機器人的軟硬件模塊構成分布式結構，其中包含傳感器節點（攝像機、激光掃描測距儀、GPS、慣性測量單元、聲吶等）、計算存儲通信節點（運行判斷、規劃決策等算法，地圖、知識庫等）、控制執行節點（對機械臂等執行部件的行動控制）。當然，多機器人也可構成分布式結構：多個異構的機器人節點，後臺服務器節點等。分布式結構負責管理分布式處理系統資源和控制分布式程序運行。分布式程序由若干個可以獨立執行的程序模塊組成，它們分布於一個分布式處理系統的多臺上位機並被同時執行。它與集中式的程序設計結構相比有三個特點：分布性、通信性和穩健性。而分布式處理系統具有執行遠程資源存取的能力，並以透明方式對分布在網絡上的資源進行管理和存取。

（2）運行機制

服務機器人的操作系統運行機制可認為是執行「觀察—判斷—決策—

行動控制」閉環行為鏈。

觀察：通過傳感器觀察環境和自身狀態。

判斷：根據觀察，形成判斷。

決策：進行決策，產生行動方案。

行動控制：控制行動的過程。

(3) 功能

① 資源管理方面：管理軟硬件、數據資源，滿足傳感器驅動、行動控制、無線通信、分布式構架等機器人的特殊要求。

② 行為管理方面：實現行為的抽象和管理，支撐行為的智能化，同時管理「觀察—判斷—決策—行動控制」閉環鏈的調度執行，提供可複用的共性基礎軟件庫和工具以及需要滿足行為的可靠性約束。

(4) 人機交互方式

人機交互對於服務機器人而言不僅包含了人類與機器人的信息交互，還包括了機器人對周圍環境和自身狀態的一種反應。其中操作系統在這一層面的輸入包含了人類行為、周圍環境、自身狀態，輸出包含的是機器人的行動。

8.1.2 服務機器人操作系統的關鍵技術

服務機器人操作系統關鍵技術包含：行為模型、分布式架構、觀察和信息的融合、判斷與決策及其控制等。

(1) 行為模型

服務機器人操作系統的架構首要考慮的問題是行為模型，即通過何種運行機制去實現操作系統的管理。如前面所提到的「觀察—判斷—決策—行動控制」閉環行為鏈，是著名的博伊德 OODA 循環，原本用於軍事信息領域，現今適合各類行為模型，如圖 8-3 所示。

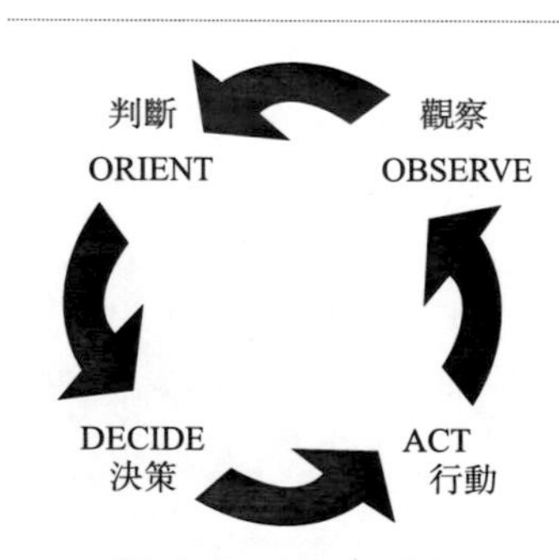

圖 8-3 OODA 循環

(2) 分布式架構

在具有行為模型的前提下，分布式架構的設計是操作系統的另一個核心點。

機器人操作系統的新三互是互操作、互理解、互遵守。對於傳統操作系統的老三互（互連、互通、互操作）而言，新三互具有更優秀的體系。

① 互操作：即老三互中的以無線通信為基礎的「互連」「互通」「互操作」。

② 互理解：包含了機器之間的交互，以及人機交互，如自然語言理解、姿態理解、觸覺、嗅覺、表情、情感理解。

③ 互遵守：包含了物理規則（遵守物理定律）、信息規則（遵守信息域的協議等）、社會規則（遵守道德、法律）等。

同時，分布式架構另一個關鍵技術在於實時性，其中包含了結點實時性、消息實時性、任務實時性，如圖 8-4 所示。

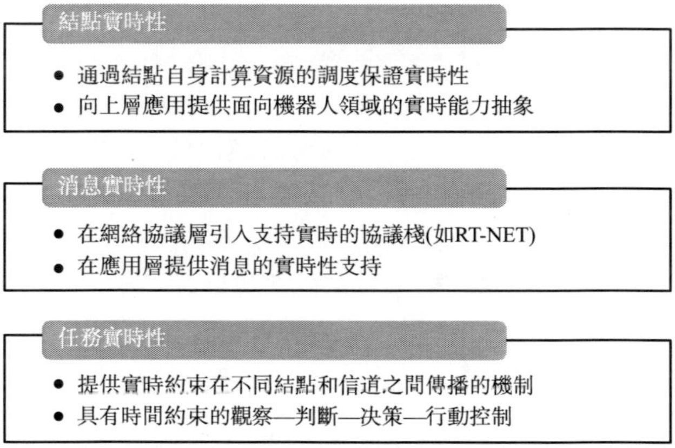

結點實時性

- 通過結點自身計算資源的調度保證實時性
- 向上層應用提供面向機器人領域的實時能力抽象

消息實時性

- 在網絡協議層引入支持實時的協議棧(如RT-NET)
- 在應用層提供消息的實時性支持

任務實時性

- 提供實時約束在不同結點和信道之間傳播的機制
- 具有時間約束的觀察—判斷—決策—行動控制

圖 8-4 分布式框架的實時性

(3) 觀察和信息的融合

不同機器人對於同一環境所感知的數據很可能截然不同，所以環境觀察和傳感器信息融合的標準化是機器人操作系統必須要解決的問題。

① 環境的觀察和表示。服務機器人對於自身所處環境的感知需要實時更新，並且對於周圍環境的表示也必須做到共性化、模塊化、標準化。要做到面對同一環境，不同機器人的環境模型要統一，使得機器人操作系統可以運行於多個機器人。

② 傳感器的信息融合。機器人通過傳感器對外部環境進行感知後，需要進行傳感器的信息融合併作用於各類算法輔助決策。其中包括異構傳感器的硬件抽象與消息格式標準化、高精度、魯棒的多傳感器信息融合算法庫、多機器人協同觀察-信息篩選機制等核心技術。圖 8-5 所示為類比於計算機系統，機器人操作系統的「標配外設」。圖中的機器人正是

由機器人操作系統 ROS 所支持的家庭服務機器人 PR2。

圖 8-5　計算機與機器人的外設

（4）判斷與決策及其控制

① 判斷與決策。具有人類的判斷和決策能力是機器人學追求的目標，目前機器學習、數據與傳統人工智能方法相結合的判斷等前沿技術是輔助機器人判斷的有力工具。而在規劃與決策端，針對不確定性較強的環境，馬爾科夫決策過程和增強學習算法是可以採用的概率模型。

② 行動與控制。機器人在行動和執行過程中需要實現不同自主等級的控制，以適應環境的動態變化以及響應人不同程度的人工干預。圖 8-6 所示為一可變自主權限的機器人管理與控制系統。

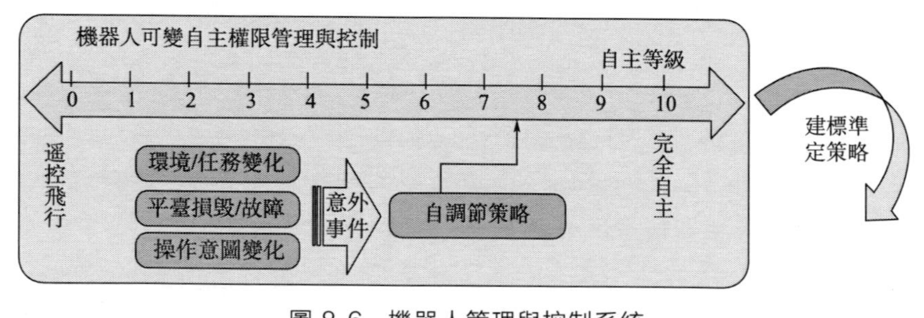

圖 8-6　機器人管理與控制系統

8.2 ROS 及其應用

開源機器人操作系統[1]（robot operating system，ROS）集成了全世界機器人領域頂級科研機構，包括斯坦福大學、麻省理工學院、慕尼黑工業大學、加州大學伯克利分校、佐治亞理工大學、弗萊堡大學、東京大學等多年研究成果，一經問世便受到了科研人員的廣泛關注。隨後，ROS 又藉助其開源的魅力吸引了世界各地機器人領域的仁人志士群策群力，推動其不斷進步。

ROS 是一個先進的機器人操作系統框架，現今已有數百個研究團體和公司將其應用在機器人技術產業中。在 2013 年麻省理工學院科技評論（MIT Technology Review）中指出：「從 2010 年發布 1.0 版本以來，ROS 已經成為機器人軟件的事實標準」。

8.2.1 ROS 的基本概念

（1）ROS 起源

隨著機器人領域的快速發展和複雜化，代碼的複用性和模塊化的需求越來越強烈，而已有的開源機器人系統又不能很好地適應需求。於是，在 2010 年 Willow Garage 公司發布的開源機器人操作系統 ROS，一經問世便在機器人研究領域掀起了學習和使用熱潮。

ROS 系統源於 2007 年斯坦福大學人工智能實驗室的項目與機器人技術公司 Willow Garage 的個人機器人項目（personal robots program）之間的合作，2008 年之後就由 Willow Garage 進行推動，至今已有四年多的時間。隨著 PR2 機器人那些不可思議的表現，譬如疊衣服、插電源、做早飯等行為，ROS 系統得到越來越多的關注。Willow Garage 公司也表示希望藉助開源的力量使 PR2 變成「全能」機器人。

PR2 價格高昂，2011 年零售價高達 40 萬美元。PR2 現主要應用於科研。PR2 有兩條手臂，每條手臂 7 個關節，手臂末端是一個可以張合的鉗子。PR2 依靠底部的 4 個輪子移動。在 PR2 的頭部、胸部、肘部、鉗子上安裝有高分辨率攝像頭，以及激光測距儀、慣性測量單元、觸覺傳感器等豐富的傳感設備。在 PR2 的底部有兩臺 8 核的電腦作為機器人各硬件的控制和通信中樞，這兩臺電腦安裝有 Ubuntu 和 ROS。圖 8-7 是 PR2 正在執行抓取任務。

（2）ROS 定義

ROS 是面向機器人的開源的元操作系統（meta-operating system）。它能夠提供類似傳統操作系統的諸多功能，如硬件抽象、底層設備控制、常用功能實現、進程間消息傳遞和程序包管理等。此外，它還提供相關工具和庫，用於獲取、編譯、編輯代碼以及在多個計算機之間運行程序，完成分布式計算。

圖 8-7　PR2 機器人

(3) 設計目標

ROS 是開源並用於機器人的一種後操作系統，部分學者稱其為次級操作系統。它提供類似操作系統所提供的功能，包含硬件抽象描述、底層驅動程序管理、共用功能的執行、程序間的消息傳遞、程序發行包管理，它也提供一些工具程序和庫，用於獲取、建立、編寫和運行多機整合的程序。

ROS 的首要設計目標是在機器人研發領域提高代碼複用率。ROS 是一種分布式處理框架（nodes）。這使可執行文件能被單獨設計，並且在運行時松散耦合。這些過程可以封裝到數據包（packages）和堆棧（stacks）中，以便於共享和分發。ROS 還支持代碼庫的聯合系統，使得協作亦能被分發。這種從文件系統級別到社區一級的設計讓獨立地決定發展和實施工作成為可能。上述所有功能都由 ROS 的基礎工具實現。

(4) 主要特點

ROS 的運行架構是一種使用 ROS 通信模塊實現模塊間 P2P 的松耦合的網絡連接的處理架構，它執行若干種類型的通信，包括基於服務的同步 RPC（遠程過程調用）通信、基於 Topic 的異步數據流通信，還有參數服務器上的數據存儲，但是 ROS 本身並沒有實時性。

ROS 主要優勢可以歸為以下幾條：

① 點對點設計。節點圖如圖 8-8 所示。

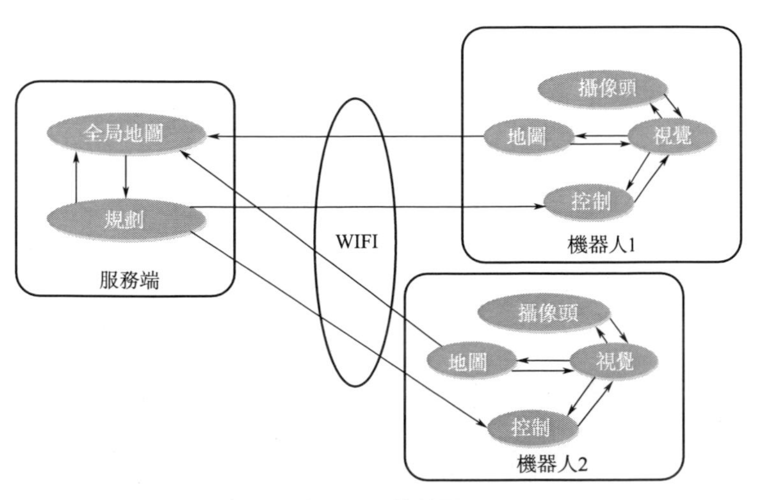

圖 8-8　節點圖

一個使用 ROS 的系統包括一系列進程，這些進程存在於多個不同的主機並且在運行過程中通過端對端的拓撲結構進行聯繫。基於中心服務器的那些軟件框架也可以實現多進程和多主機的優勢，但是在這些框架中，當各電腦通過不同的網絡進行連接時，中心數據服務器就會發生問題。

ROS 的點對點設計以及服務和節點管理器等機制可以分散由計算機視覺和語音識別等功能帶來的實時計算壓力，能夠適應多機器人遇到的挑戰。

② 分布式計算。現代機器人系統往往需要多個計算機同時運行多個進程，單計算機或者多計算機不同進程間的通信問題是解決分布式計算問題的主要挑戰，ROS 為實現上述通信，提供了一個通信中間件來實現分布式系統的構建。

③ 軟件複用。隨著機器人研究的快速推進，誕生了一批應對導航、路徑規劃、建圖等通用任務的算法。任何一個算法實用的前提是其能夠應用於新的領域，且不必重複實現。事實上，如何將現有算法快速移植到不同系統一直是一個挑戰，ROS 通過以下兩種方法解決這個問題。

a. ROS 標準包（standard packages）提供穩定、可調式的各類重要機器人算法實現。

b. ROS 通信接口正在成為機器人軟件互操作的事實標準，也就是說，絕大部分最新的硬件驅動和最前沿的算法實現都可以在 ROS 中找到。例如，在 ROS 的官方網頁上有著大量的開源軟件庫，這些軟件使用

ROS 通用接口，從而避免為了集成它們而重新開發新的接口程序。

綜上所述，開發人員如果使用 ROS 可以將更多的時間用於新思想和新算法的設計與實現，盡量避免重複實現已有的研究結果。

④ 多語言支持。由於編程者會偏向某一些編程語言，這些偏好是個人在每種語言的編程時間、調試效果、語法、執行效率以及各種技術和文化的原因導致的結果。為了解決這些問題，ROS 被設計成了語言中立性的框架結構。ROS 支持許多種不同的語言，例如 C＋＋、Python、Octave 和 LISP，也包含其他語言的多種接口實現。

ROS 的特殊性主要體現在消息通信層，而不是更深的層次。端對端的連接和配置利用 XML-RPC 機制進行實現，XML-RPC 也包含了大多數主要語言的合理實現描述。ROS 能夠利用各種語言實現得更加自然，更符合各種語言的語法約定，而不是基於 C 語言給各種其他語言提供實現接口。但在某些情況下利用已經存在的庫封裝後支持更多新的語言會更加方便，比如 Octave 的客户端就是通過 C＋＋的封裝庫實現的。

為了支持交叉語言，ROS 利用了簡單的、與語言無關的接口定義語言去描述模塊之間的消息傳送。接口定義語言使用了簡短的文本去描述每條消息的結構，也允許消息的合成。

每種語言的代碼產生器會產生類似本種語言的目標文件，在消息傳遞和接收的過程中通過 ROS 自動連續並行地實現。因為消息是從各種簡單的文本文件中自動生成的，所以很容易列舉出新的消息類型。在編寫的時候，已知的基於 ROS 的代碼庫包含超過 400 種消息類型，這些消息從傳感器傳送數據，使得物體檢測到了周圍的環境。

最後的結果就是一種與語言無關的消息處理，讓多種語言可以自由地混合和匹配使用。

⑤ 精簡與集成。大多數已經存在的機器人軟件工程都包含了可以在工程外重複使用的驅動和算法，由於多方面的原因，大部分代碼的中間層都過於混亂，以至於很難提取出它的功能，也很難把它們從原型中提取出來應用到其他方面。

為了應對這種趨勢，所有的驅動和算法逐漸被發展成為對 ROS 沒有依賴性的單獨的庫。ROS 建立的系統具有模塊化的特點，各模塊中的代碼可以單獨編譯，而且編譯使用的 CMake 工具使它很容易實現精簡的理念。ROS 基本將複雜的代碼封裝在庫裏，只是創建了一些小的應用程序為 ROS 顯示庫的功能，就允許對簡單的代碼超越原型進行移植和重新使用。作為一種新加入的單元測試，當代碼在庫中分散後也變得非常容易，一個單獨的測試程序可以測試庫中很多的特點。

ROS利用了很多現在已經存在的開源項目的代碼，比如從Player項目中借鑒了驅動、運動控制和仿真方面的代碼，從OpenCV中借鑒了視覺算法方面的代碼，從OpenRAVE借鑒了規劃算法的內容，還有很多其他項目。在每一個實例中，ROS都用來顯示多種多樣的配置選項以及和各軟件之間進行數據通信，同時對它們進行微小的包裝和改動。ROS可以不斷地從社區維護中進行升級，包括從其他軟件庫、應用補丁中升級ROS的源代碼。

⑥ 工具包豐富。為了管理複雜的ROS軟件框架，大量的小工具被利用去編譯和運行多種多樣的ROS組建，從而設計成內核，而不是構建一個龐大的開發和運行環境。

這些工具擔任了各種各樣的任務，例如，組織源代碼的結構，獲取和設置配置參數，形象化端對端的拓撲連接，測量頻帶使用寬度，生動的描繪信息數據，自動生成文檔等。儘管已經測試通過像全局時鐘和控制器模塊的記錄器的核心服務，但還是希望能把所有的代碼模塊化。事實上在效率上的損失遠遠是穩定性和管理的複雜性上無法彌補的。

⑦ 免費並且開源。ROS所有的源代碼都是公開發布的。這必將促進ROS軟件各層次的調試，不斷地改正錯誤。雖然像Microsoft Robotics Studio和Webots這樣的非開源軟件也有很多值得讚美的屬性，但是一個開源的平臺也是無可替代的。當硬件和各層次的軟件同時設計和調試的時候這一點是尤其真實的。

ROS以分布式的關係遵循著BSD許可，也就是說允許各種商業和非商業的工程進行開發。ROS通過內部處理的通信系統進行數據的傳遞，不要求各模塊在同樣的可執行功能上連接在一起。因此，利用ROS構建的系統可以很好地使用它們豐富的組件，個別的模塊可以包含被各種協議保護的軟件，這些協議從GPL到BSD，但是許可的一些「污染物」將在模塊的分解上完全消滅掉。

⑧ 快速測試。為機器人開發軟件比其他軟件開發更具挑戰性，主要是因為調試準備時間長，且調試過程複雜。況且，因為硬件維修、經費有限等因素，不一定隨時有機器人可供使用。ROS提供以下兩種策略來解決上述問題。

a. 精心設計的ROS系統框架將底層硬件控制模塊和頂層數據處理與決策模塊分離，從而可以使用模擬器替代底層硬件模塊，獨立測試頂層部分，提高測試效率。

b. ROS另外提供了一種簡單的方法，可以在調試過程中記錄傳感器數據及其他類型的消息數據，並在試驗後按時間戳回放。通過這種方式，每次運行機器人可以獲得更多的測試機會。例如，記錄傳感器的數據，並通過多次回放測試不同的數據處理算法。在 ROS 術語中，這類記錄的數據叫作包（bag），一個被稱為 rosbag 的工具可以用於記錄和回放包數據。

採用上述方案的一個最大優勢是實現代碼的「無縫連接」，因為實體機器人、仿真器和回放的包可以提供同樣（至少是非常類似）的接口，上層軟件不需要修改就可以與它們進行交互，實際上甚至不需要知道操作的對象是否是實體機器人。

當然，ROS 操作系統並不是唯一具備上述能力的機器人軟件平臺。ROS 的最大不同在於來自機器人領域諸多開發人員的認可和支持，這種支持將促使 ROS 在未來不斷發展、完善、進步。

（5）總體結構

根據 ROS 系統代碼的維護者和分布來標示，主要有兩大部分。

a. main。核心部分，主要由 Willow Garage 公司和一些開發者設計、提供以及維護。它提供了一些分布式計算的基本工具，以及整個 ROS 的核心部分的程序編寫。

b. universe。全球範圍的代碼，由不同國家的 ROS 社區組織開發和維護。一種是庫的代碼，如 OpenCV、PCL 等；庫的上一層是從功能角度提供的代碼，如人臉識別，該代碼調用下層的庫；最上層的代碼是應用級的代碼，讓機器人完成某一確定的功能。

一般是從另一個角度對 ROS 進行分級的，主要分為三個級別：計算圖級、文件系統級、社區級，如圖 8-9 所示。

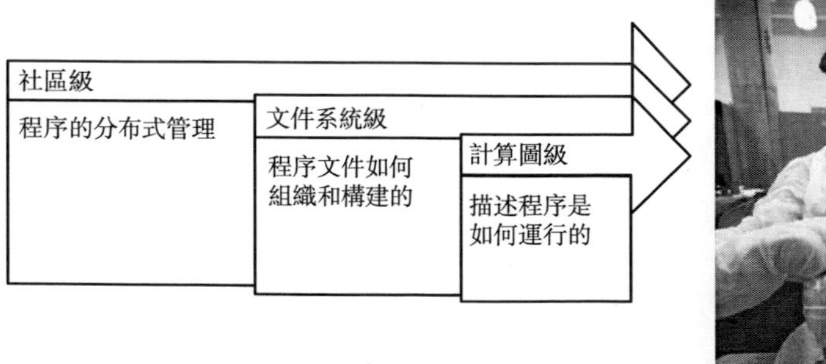

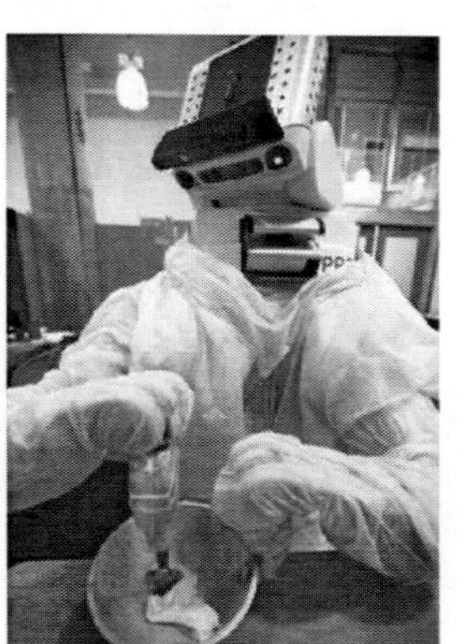

圖 8-9　ROS 層級

① 計算圖級。計算圖是 ROS 處理數據的一種點對點的網絡形式。程序運行時，所有進程以及所進行的數據處理，將會通過一種點對點的網絡形式表現出來。這一級主要包括幾個重要概念：節點（node）、消息（message）、主題（topic）、服務（service）。

a. 節點。節點是一些直行運算任務的進程。ROS 利用規模可增長的方式是代碼模塊化，一個系統就是典型的由多個節點組成的。在這裏，節點也可以稱為「軟件模塊」。使用「節點」使得基於 ROS 的系統在運行的時候更加形象化。

b. 消息。節點之間是通過傳送消息進行通信的。每一個消息都是一個嚴格的數據結構。原來標準的數據類型（如整型、浮點型、布爾型等）都可被支持，同時也支持原始數組類型。消息可以包含任意的嵌套結構和數組（類似於 C 語言的結構 structs）。

c. 主題。消息以一種發布/訂閱的方式傳遞。一個節點可以在一個給定的主題中發布消息，並針對某個主題關注與訂閱特定類型的數據。可能同時有多個節點發布或者訂閱同一個主題的消息。總體上，發布者和訂閱者不了解彼此的存在，如圖 8-10 所示。

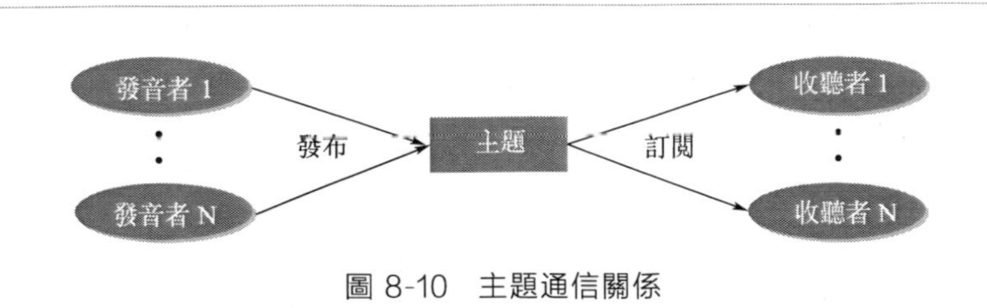

圖 8-10　主題通信關係

d. 服務。雖然基於話題的發布/訂閱模型是很靈活的通信模式，但是它的廣播式的路徑規劃對於可以簡化節點設計的同步傳輸模式來說並不適合。在 ROS 中，稱之為一個服務，用一個字符串和一對嚴格規範的消息定義，一個用於請求，一個用於回應。這類似於 web 服務器，web 服務器是由 URIs 定義的，同時帶有完整定義類型的請求和回復文檔。

在上面概念的基礎上，需要有一個控制器可以使所有節點有條不紊地執行，這就是一個 ROS 的控制器（ROS master）。

ROS Master 通過 RPC（remote procedure call protocol，遠程過程調用）提供了登記列表和對其他計算圖表的查找。沒有控制器，節點將無法找到其他節點、交換消息或調用服務。控制節點訂閱和發布消息的模型如圖 8-11 所示。

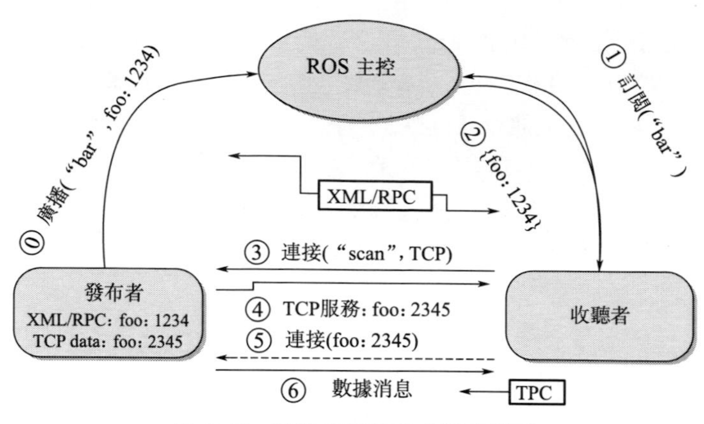

圖 8-11 節點訂閱和發布消息模型

ROS 的控制器給 ROS 的節點存儲了主題和服務的註冊信息。節點與控制器通信從而報告它們的註冊信息。當這些節點與控制器通信的時候，它們可以接收關於其他已註冊及節點的信息，並且建立與其他已註冊節點之間的聯繫。當這些註冊信息改變時控制器也會回饋這些節點，同時允許節點動態創建與新節點之間的連接。

節點與節點之間的連接是直接的，控制器僅僅提供了查詢信息。節點訂閱一個主題將會要求建立一個與出版該主題的節點的連接，並且將會在同意連接協議的基礎上建立該連接。

ROS 控制器控制服務模型如圖 8-12 所示。

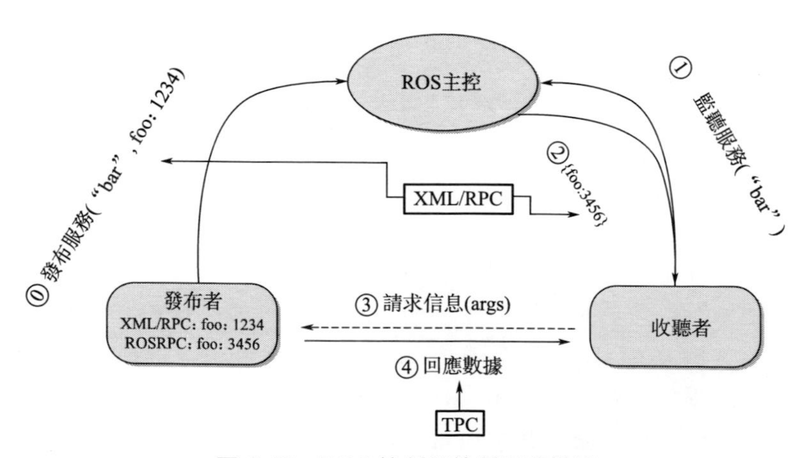

圖 8-12 ROS 控制器控制服務模型

② 文件系統級。ROS文件系統級指的是在硬盤上面查看的ROS源代碼的組織形式。

ROS中有無數的節點、消息、服務、工具和庫文件，需要有效的結構去管理這些代碼。在ROS的文件系統級，有兩個重要概念：包(package)、堆(stack)。

a. 包。ROS的軟件以包的方式組織起來。包包含節點、ROS依賴庫、數據套、配置文件、第三方軟件或者任何其他邏輯構成。包的目標是提供一種易於使用的結構以便於軟件的重複使用。總的來說，ROS的包短小精幹。

b. 堆。堆是包的集合，它提供一個完整的功能，像「navigation stack」。Stack與版本號關聯，同時也是如何發行ROS軟件方式的關鍵。

ROS是一種分布式處理框架。這使可執行文件能被單獨設計，並且在運行時松散耦合。這些過程可以封裝到包和堆中，以便於共享和分發。

manifests (manifest. xml)：提供關於package元數據，包括它的許可信息和package之間的依賴關係，以及語言特性信息，像編譯旗幟(編譯優化參數)。

stack manifests (stack. xml)：提供關於stack元數據，包括它的許可信息和stack之間的依賴關係。

③ 社區級。ROS的社區級概念是ROS網絡上進行代碼發布的一種表現形式，結構如圖8-13所示。

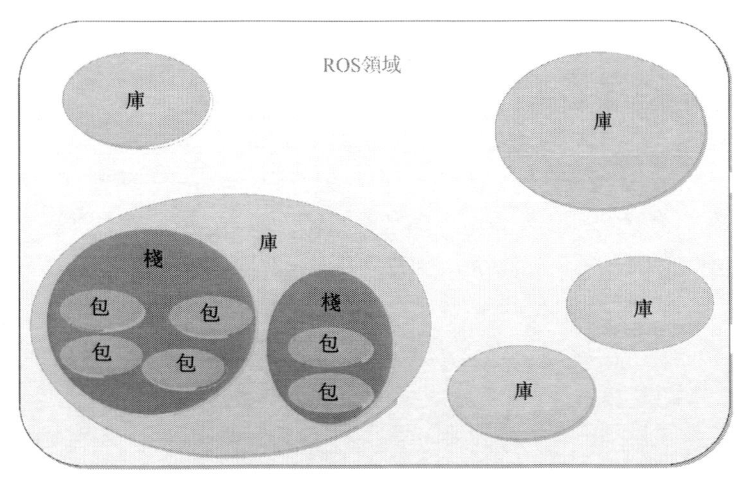

圖8-13　ROS社區級結構

代碼庫的聯合系統：使得協作亦能被分發，這種從文件系統級別到社區一級的設計讓獨立地發展和實施工作成為可能。正是因為這種分布式的結構，使得 ROS 迅速發展，軟件倉庫中包的數量呈指數級增加。

8.2.2 ROS 的應用

對於服務機器人而言，其所需功能包括運動、導航、建圖，語音識別與交互，視覺識別與學習，機械臂控制等。而現如今，ROS 能較好地實現上述功能，本小節將簡述 ROS 在各個功能中的基本應用。具體操作與實現請查看 ROS 官網，本書將不對其做過多闡述。

（1）導航、路徑規劃和 SLAM

ROS 有一個強大的特性，即實時定位與繪製地圖[2]（simultaneous localization and mapping，SLAM），可以為一個未知的環境繪製地圖，並實時地定位自己在地圖上的位置。至今為止，唯一可靠的 SLAM 方法就是用相當昂貴的激光掃描儀來收集數據。但在 Microsoft Kinect 和 Asus Xtion 攝像頭面世後，通過攝像頭獲得的三維點雲（point cloud）來生成模擬激光掃描儀是更經濟的 SLAM 實現方法。

本小節內容將會涉及三個基本的 ROS 包，它們組成了導航棧的核心。

a. 用於讓機器人在指定的框架內移動到目標位置的 move _ base 包。

b. 用於根據從激光掃描儀獲得的數據（或從深度攝像頭獲得的模擬激光數據）來繪製地圖的 gmapping 包。

c. 用於在現在的地圖中定位的 amcl 包。

在進行更深入的探討前，強烈建議讀者去閱讀 ROS 的 Wiki 上的導航機器人起步指南（navigation robot setup）。這個指南很好地提供了對 ROS 導航棧的概述。完整地閱讀導航指南（navigation tutorials）有助於更好地理解導航。而對於 SLAM 底下運用到的數學知識，Sebastian Thrun 在 Udacity 的人工智能（artificial intelligence）在線課程中提供了很好的介紹。

① 使用 move _ base 包進行路徑規劃和障礙物躲避。Move _ base 包實現了一個完成指定導航目標的 ROS 行為。讀者應該通過閱讀 ROS 的 Wiki 上的 actionlib 指南，熟悉 ROS 行為的基礎知識。在機器人實現目標的過程中，行為是有反饋機制的。這意味著不再需要自己去通過 odometry 話題來判斷是否已經達到目的地。

move _ base 包（package）包含了 base _ local _ planner，在為機器人尋路的時候，base _ local _ planner 結合了從全局和本地地圖得到的距

離測量數據。基於全踻地圖的路徑規劃是在機器人向下一個目的地出發前開始的，這個過程會考慮到已知的障礙物和被標記成「未知」的區域。要使機器人實際動起來，本地路徑規劃模塊會監聽著傳回來的傳感器數據，並選擇合適的線速度和角速度來讓機器人走完全局路徑規劃上的當前段。上位機將會顯示本地的路徑規劃模塊是如何隨著時間推移而不斷作出調整的。

a. 用 move _ base 包指定導航目標。用 move _ base 包指定導航目標前，機器人要被提供在指定的框架下的目標方位（位置和方向）。move _ base 包是使用 MoveBaseActionGoal 消息類型來指定目標的。

b. 為路徑規劃設定參數。在 move _ base 節點運行前需要 4 個配置文件。這些文件定義了一系列相關參數，包括越過障礙物的代價、機器人的半徑、路徑規劃時要考慮未來多長的路、想讓機器人以多快的速度移動等。這 4 個配置文件可以在 rbxl _ nav 包的 config 子目錄下找到，分別是：

base _ local _ planner _ params. yaml

costmap _ common _ params. yaml

global _ costmap _ params. yaml

local _ costmap _ params. yaml

如果要學會所有參數的設置，請查閱 ROS Wiki 頁面上導航機器人起步（Navigation Robot Setup）以及關於 costmap _ 2d 和 base _ local _ planner 參數部分的 Wiki 頁面。

② 用 gmapping 包創建地圖。在 ROS 中，地圖只是一張位圖，用來表示網絡被占據的情況，其中白色像素點代表沒有被占據的網格，黑色像素點代表障礙物，而灰色像素點代表「未知」。因此可以用任意的圖像處理程序，可以自己畫一張地圖，或者使用別人創建好的地圖。然而，如果機器人配有激光掃描儀和深度攝像頭，那麼它可以在目標的範圍行動時創建自己的地圖。如果機器人沒有這些硬件，讀者可以用在 rbxl _ nav/maps 中的測試地圖。

ROS 的 gmapping 包包含了 slam _ gmapping 節點，這個節點會把從激光掃描儀和測量中得到的數據整合到一張 occupancy map 中。常用的策略是：首先通過遙控讓機器人在一個區域內活動，同時讓它記錄激光和測量數據到 rosbag 文件中。然後運行 slam _ gmapping 節點，利用記錄的數據生成一張地圖。首先記錄數據的好處是，可以生成任意擁有相同數據的測試地圖供以後不同參數的 gmapping 使用。

③ 用一張地圖和 amcl 來導航和定位。如果沒有硬件來讓機器人創建一張地圖，在本部分中可以用 rbxl _ nav/maps 中的測試地圖。

ROS 使用 amcl 包來讓機器人在已有的地圖裏利用當前從機器人的激光或深度掃描儀中得到的數據進行定位。

圖 8-14、圖 8-15 是一些現實測試中的截圖。圖 8-15 是在測試開始後截圖的，圖 8-14 是在機器人環境周圍運動了幾分鐘後截圖的。

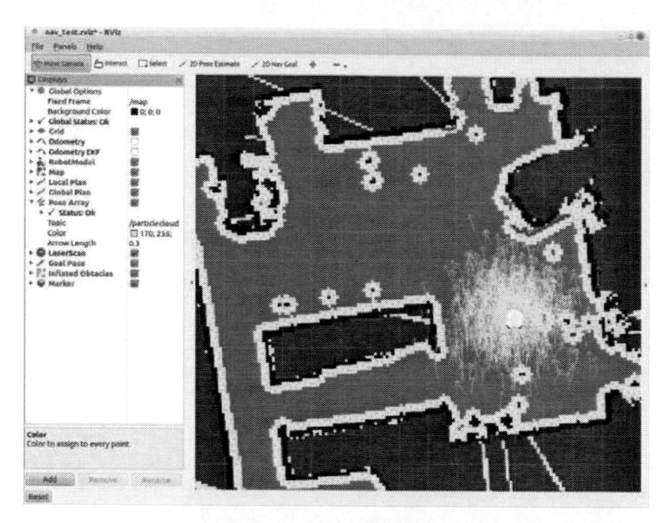

圖 8-14　測試截圖（1）

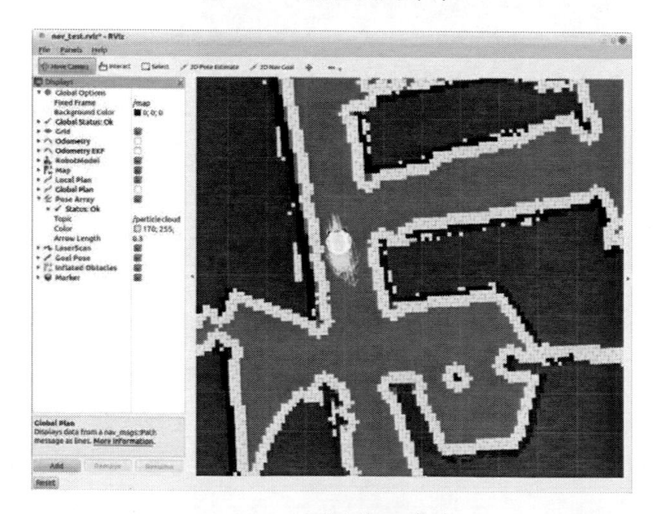

圖 8-15　測試截圖（2）

請注意在圖 8-14 中的方位都很分散，而在圖 8-15 中就收縮到機器人周圍了。在這個測試中，機器人是相當確定自己在地圖中的位置的。

為了測試障礙物躲避能力，在離目標一定距離外啓動機器人，接著在機器人運動時，人可以在它面前走動。在底座的本地路徑規劃中會控制機器人繞過人，然後繼續向目標走去。

如果上位機已經運行了鍵盤或者操縱桿的節點，還可以在 amcl 運行時遙控機器人。

（2）語音識別及語音合成

語音識別已經和 Linux 一起走過了相當長一段路，這要歸功於 CMU Sphinx 和 Festival 項目[3]，同樣也能從現有的 ROS 包（package）語音識別和文字轉換語音中獲益。有了這些，要為機器人添加語音控制及語音反饋是非常容易的事情。

語音識別過程可分為：音頻識別、語義分析、音頻輸出。

其中音頻識別是語音識別的關鍵，常用的識別器有 pocketsphinx、科大訊飛、百度語音識別等。ROS 用户可以通過配置相應識別器進行音頻識別，再通過對語義分析代碼的編寫，完成一個語音識別系統。圖 8-16 是基於科大訊飛為識別器的節點關係圖，其中粗線框描述的是科大訊飛識別器的節點通信關係。

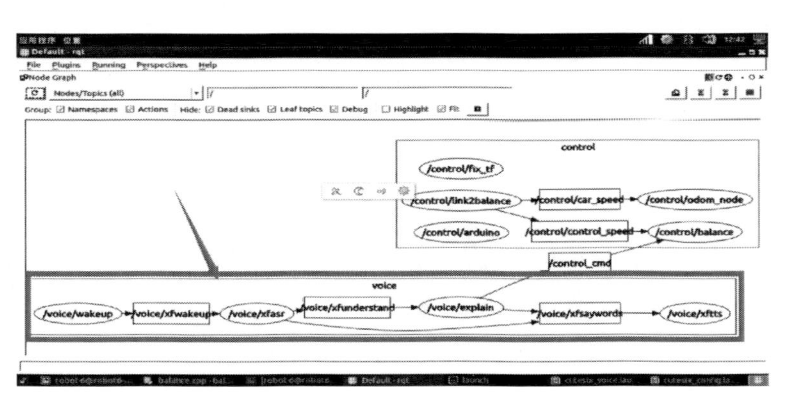

圖 8-16 節點關係

（3）機器人的視覺系統

當今正處於計算機視覺系統的黃金時代，像微軟 Kinetic 和 Asus Xtion 這樣的廉價高性能網絡攝像機能夠為機器人愛好者提供 3D 立體視覺而又不必花費一大筆錢去購買立體攝像機。但是，僅僅讓電腦獲取大量的像素單元和值是不夠的，使用這些數據去提取有用的視覺信息才是比較有挑戰性的計算問題。幸運的是，成千上萬的科學家在幾十年的努力中研究出了一套強大的視覺算法，它能把簡單的顏色轉換成方便使用的數據，而不用從零開始。

機器視覺的總體目標是識別隱藏在像素組成的世界中物體的結構。每個像素都是一個有連續狀態變換的流，能夠影響它變化的因素取決於投在這一像素上的光線亮度、視覺角度、目標動作、規則和不規則的噪聲，所以，電腦視覺算法是為了從這些變化的值中提取更加穩定的特徵而設計的。特徵可能是某個角落、某個邊界、某個特定區域、某塊顏色，或者動作碎片等。當從一張圖片或一個視頻中獲取到穩定特徵的集合時，便可以通過對它們的追蹤，或將某些合併在一起，來支持對象的偵測和識別。

① OpenCV、OpenNI 和 PCL。OpenCV、OpenNI 和 PCL 是 ROS 機器人視覺系統的三大支柱。OpenCV 被用於 2D 圖像處理和機器學習。OpenNI 提供當深度相機（如 Kinect 和 Xtion）被使用時的驅動以及「Natural Interaction」庫，來實現骨架追蹤。PCL 又叫「Point Cloud Library」，是處理 3D 點雲的一個選擇。在本書中，將主要關注 OpenCV，但同時也會為 OpenNI 和 PCL 提供一些簡短的介紹（已經熟悉 OpenCV 和 PCL 的讀者可能會對 Ecto 感興趣，它是 Willow Garage 新寫的視覺框架，它允許通過一個接口同時使用 OpenCV 和 PCL 兩個庫）。

② OpenCV：計算機視覺的開源庫。1999 年，OpenCV 被 Intel 開發出來，用於測試 CPU 高利用率應用。2000 年，OpenCV 被公之於眾。2008 年，OpenCV 主要的開發工作被 Willow Garage 接管。OpenCV 並不像基於 GUI 的視覺包（如 Windows 下的 RoboRealm）那樣容易使用。但是，OpenCV 中可用的函數代表了很多最新水平的視覺算法和機器學習方法，比如支持向量機、人工智能神經網絡和隨機樹。

OpenCV 可以在 Linux、Windows、MacOS X 和 Android 上作為一個獨立的庫運行。要瞭解完整的介紹和它的特點，請通過 Gary Bradski 和 Kaehler 去學習 OpenCV。可以用網上的在線手冊來學習，其中包含若干初級教程。

a. 人臉偵測。OpenCV 使在圖片或視頻流中偵測人臉變得相對簡單。對於機器人視覺感興趣的人來說，這是一個很受歡迎的功能。

OpenCV 的人臉偵測使用一個帶有 Haar-like 特點的 Cascade Classifier。現在，需要理解的就是 OpenCV cascade classifier 可以由定義著不同偵測對象的 XML 初始化。這些文件中的兩個將被用來偵測一個正面的人臉，另一個文件將允許偵測到側面的人臉。這些文件是被機器學習的算法在成百上千的含與不含人臉的圖片訓練後得到的。這種學習算法可以將人臉的特徵提取出來並存放在 XML 文件中（更加額外的 cascade file 還能夠被訓練於偵測眼睛甚至整個人）。

b. 用 GoodFeaturesToTrack 進行特徵點檢測。Haar 人臉偵測器在圖像中掃描特定的對象。實現這一過程有不同的策略，包括尋找從上一幀到下一幀相對容易跟蹤的較小的圖像特徵。這些特徵被稱為特徵點，特徵點往往是在多個方向上亮度變化強的區域，如圖 8-17 所示。

圖 8-17 檢測樣圖

圖 8-17 中左邊的圖像放大顯示了右邊圖像的有眼區域像素，左邊圖像中的矩形框表示這其中的像素在所有方向上的亮度變化最強。如果不考慮尺寸和旋轉因素的話，像這樣的區域的中心就是該圖像的特徵點，這是很有可能被再次檢測到在面部位置不變的點。

OpenCV 包含了大量的特徵點偵測器，包括：goodFeaturesToTrack ()、cornerHarris() 和 SURF()。以使用 goodFeaturesToTrack () 為例，圖 8-18 展示 goodFeaturesToTrack ()返回的特徵點。

如圖 8-18 所示，特徵點集中在亮度梯度最大的區域。相反，顏色相當均勻的區域很少或沒有特徵點，該 ROS 節點被稱為 good _ features. py。

c. 利用光學流跟蹤特徵點。現在，在可以檢測到圖像中的特徵點的前提下，通過 OpenCV 中 Lucas-Kanade 的光學流函數 calcOpticalFlow-PyrLK()，特徵點可以被一幀一幀地跟蹤對象使用。Lucas-Kanade 方法的詳細解釋可以在維基百科上找到，它的基本思想如下。

從當前圖像幀和已經提取的特徵點開始，每個特徵點有一個位置（x 和 y 座標）和周邊圖像的像素的領域。在下一圖像幀，Lucas-Kanade 法使用最小二乘法來求一個恆速的變換，這個變換將上一圖像幀中的選定領域映射到下一圖像幀。如果最小二乘誤差對於給定的領域不超過某個閾值，則假定它與第一幀中的領域相同，相同特徵點將被分配到該位置；否則特徵點會被丟棄。請注意，後續的幀將不會提取新的特徵點。而 calcOpticalFlowPyrLK()只計算原始特徵點的位置。以這種方式，函數

圖 8-18 特徵點返回

可以只提取第一幀中的關鍵點，然後當對象在鏡頭前移動的時候，一幀一幀地跟隨這些特徵點。

③ OpenNI 和骨架追蹤。骨架跟蹤是最早和最知名的機器人應用深度相機的案例之一。在 ROS openni _ tracker 包（package）可以使用 Kinect 或 Asus Xtion 深度圖像數據來跟蹤一個站在鏡頭前的人的關節部位。使用此數據，可以為一個機器人編程讓其跟隨由人發出的手勢命令信號。還可以在 pi _ tracker 包（package）中找到演示使用 ROS 和 Python 做到這一點的例子。

本書不對 OpenNI 做過多的討論，讀者可在 ROS 官網的 openni _ tracker 部分查閱詳細資料。

④ PCL Nodelets 和三維點雲。三維點雲平臺（PCL）是一個大型的開源項目，包括許多強大的點雲處理算法。它在裝備有一個 RGB-D 相機（如 Kinect 或 Xtion Pro）甚至更傳統的立體攝像機的機器人上非常有用。Pcl _ ros 包（package）提供了一些 Nodelets 使用 PCL 處理點雲。C++ 是 PCL 主要的 API 之一，本書不對 PCL 做過多的討論，讀者可在 PCL 網站學習優秀教程。

本章從服務機器人的需求出發，闡述了一個完善的服務機器人的操作系統所需要的基本條件和關鍵技術，並在 8.2 節介紹了當前比較成熟的機器人操作系統 ROS，對其基本框架和基本應用進行了介紹。

參考文獻

[1] PATRICK GOEBEL R. ROS By Example [M]. A PI ROBOT PRODUCTION, 2015.

[2] Aaron Martinez. Learning ROS for Robotics Programming[M]. Packt Publishing Ltd, 2013.

[3] R. 帕特里克・戈貝爾 . ROS 入門實例[M]. J 羅哈斯 . 劉柯汕，等譯 . 廣州：中山大學出版社，2016.

第9章

發展與展望

儘管服務機器人是機器人大家族中的一個年輕成員，而且當前世界服務機器人市場化程度仍處於起步階段，但受勞動力不足及老齡化問題凸顯等剛性驅動和科技發展促進的影響，服務機器人應用的增長很快，尤其對於中國，增速將會更快。

9.1 發展

目前世界上有 50 個以上的國家在發展機器人，其中有一半以上的國家已涉足服務型機器人開發。在日本、北美和歐洲，迄今已有 7 種類型共計 40 餘款服務型機器人進入試驗和半商業化應用。在服務機器人領域發展處於前列的國家中，西方國家以美國、德國和法國為代表，亞洲以日本和韓國為代表。中國於 2012 年制定了《服務機器人科技發展「十二五」專項規劃》扶持行業發展[1]。

達芬奇機器人的產生預示著第三代外科手術時代的來臨，醫用機器人作為單位價值最高的專業服務機器人是當前醫療行業的發展熱點。在未來的 4 年裏，醫用機器人將會以每年 19%左右的速度增長。雖然中國醫用機器人普及率低、起步晚，但目前哈爾濱工業大學、博實股份等企業已經開始積極介入。

世界經濟增長引擎即將由 IT（information technology）時代進入 RT（robotics technology）時代，家庭智能服務機器人將成為智能物聯網時代家庭的核心終端。雖然中國的家庭服務機器人技術相對落後，但目前相關企業做到研產結合，已經初成規模，表現良好，空間巨大。軍事機器人是 21 世紀各國軍事安全重點戰略，軍用機器人強國包括美、德、英、法、意以及日、韓，這些國家不僅在技術上處於研究的前列，而且其產品已經在軍事上有了實際運用；中國與這些強國的技術差距明顯，但政策支持強大，相信軍事機器人發展前景良好。

服務機器人在世界範圍具有巨大的發展潛力，在發達國家的發展更是有著廣闊的市場。服務機器人的發展受以下因素驅動。

① 簡單勞動力不足。由於發達國家的勞動力價格日趨上漲，人們越來越不願意從事自己不喜歡幹的工作，類似於清潔、看護、保安等工作在發達國家從事的人越來越少。這種簡單勞動力的不足使服務機器人有著巨大的市場。

② 經濟水平的提高。隨著經濟水平的上升，人們可支配收入的增加，使得人們能夠購買服務機器人來替代簡單的重複勞動，獲得更多的

空閒時間。

③ 科技的發展。進入互聯網時代後，人類的科學技術迅猛發展，得益於計算機和微芯片的發展，智能服務機器人更新換代的速度越來越快，成本下降，能實現的功能越來越多，實現更便捷、更安全、更精確。

④ 老齡化問題。全球人口的老齡化帶來大量的問題，社會保障和服務、看護的需求更加緊迫，這易使醫療看護人員不足的矛盾激化，服務機器人作為良好的解決方案有著巨大的發展空間。

在服務機器人領域，處於發展前列的國家中，西方國家以美國、德國和法國為代表，亞洲以日本和韓國為代表。

美國是機器人技術的發源地，美國的機器人技術在國際上一直處於領先地位，其技術全面、先進，適應性十分強，在軍用、醫療、家用服務機器人產業都占有絕對的優勢，占服務機器人市場約 60%的份額。

日本是機器人研發、生產和使用大國，一直以來將機器人作為一個戰略產業，在發展技術和資金方面一直給予大力支持。

韓國將服務機器人技術列為未來國家發展的十大「發動機」產業，把服務機器人作為國家的一個新的經濟增長點進行重點發展，對機器人技術給予了重點扶持。

德國向來以嚴謹認真稱世，其服務機器人的研究和應用方面在世界上處於公認的領先地位。其開發的機器人保姆 Care-O-Bot3 配備有遍布全身的傳感器、立體彩色照相機、激光掃描儀和三維立體攝像頭，讓它既能識別生活用品，也能避免誤傷主人；它還具有聲控或手勢控制，有自我學習能力，還能聽懂語音命令，看懂手勢命令。

法國不僅在機器人擁有量上居於世界前列，而且在機器人應用水平和應用範圍上處於世界先進水平。法國政府一開始就比較重視機器人技術，大力支持服務機器人研究計劃，並且建立起一個完整的科學技術體系，特別是把重點放在開展機器人的應用研究上。

智能服務機器人是未來各國經濟發展的有力支柱之一，國家不斷提高對機器人產業的重視度，中國《國家中長期科學和技術發展規劃綱要（2006—2020 年）》把智能服務機器人列為未來 15 年重點發展的前沿技術，並於 2012 年制定了《服務機器人科技發展「十二五」專項規劃》支持行業發展。

中國的服務機器人市場從 2005 年前後才開始初具規模，中國在服務機器人領域的研發與日本、美國等國家相比起步較晚，與發達國家絕對差距還比較大，但相對於工業機器人而言則差距較小。因為服務機器人一般都要結合特定市場進行開發，本土企業更容易結合特定的環境和文化進行開發，占據良好的市場定位，從而保持一定的競爭優勢；另一方面，外國的服務機器人公司也屬於新興產業，大部分成立的時間還比較短，因而中國的服務機器人產業面臨著比較大的機遇和可發展空間。

目前，中國的家用服務機器人主要有吸塵器機器人，教育、娛樂、安保機器人，智能輪椅機器人，智能穿戴機器人，智能玩具機器人等，同時還有一批為服務機器人提供核心控制器、傳感器和驅動器功能部件的企業。

隨著智能技術的發展，在 21 世紀的頭十年物聯網已經開始和互聯網一樣引人注目。物聯網這個名詞最初於 1999 年由美國麻省理工學院提出，即通過信息傳感設備把用户端延伸和擴展到任何物品與物品之間，進行信息交換和通信，以實現智能化識別、定位、跟蹤、監控和管理的一種網絡，被稱為繼計算機、互聯網之後世界信息產業發展的第三次浪潮。物聯網技術將會引起現有產業的大洗牌，而智能機器人正是在新一輪發展中極具前景的產業，未來一定是機器人的時代，家庭智能服務機器人就是物聯網時代家庭的核心終端。

除了國家層面，在企業層面，服務機器人的開發與研究向研究所、大學延伸，服務機器人的部分關鍵技術已紛紛進入大學，與此同時，在大學興起了機器人技術大比拼與機器人關鍵技術的競賽，國際上著名的有 RoboCup 機器人世界盃賽等。

9.2 比賽促進技術提升

為鼓勵大學學生積極參與機器人的創新研究，提升服務機器人的技術層面，國際機器人聯合會提出了 RoboCup 賽事，即機器人世界盃賽的設想，並於 1997 年開始實施，每年在全球範圍內舉行一次賽事，包括機器人足球賽、機器人救援等。2006 年開始設立 RoboCup@Home，即家庭服務機器人賽事。圖 9-1 為 2006 年德國不來梅 RoboCup 機器人世界盃大賽的 RoboCup@Home 賽事（首次比賽）的宣傳海報。

（1）家庭服務機器人的賽事簡介

大眾已經非常熟悉掃地機器人、擦玻璃機器人、送餐機器人。市面上量產產品也慢慢走進千家萬户，家庭服務機器人大賽的辦賽宗旨是：追求更加智能，在開發服務和輔助機器人技術與未來的個人家庭應用的高相關性，用一組基準測試來評估一個現實的非標準化的家居環境設置機器人的能力和表現。比賽側重點在於但不限於以下領域：人與機器人的互動與合作，導航和測繪在動態環境中，計算機視覺和識別物體的自然光條件下，對象操作，適應行為，行為整合，環境智能，標準化和系統集成；全面展現家居生活類服務機器人的未來！家庭服務機器人是模擬實際家居場景的大型賽事，其實際比賽場地部分賽事見圖 9-2～圖 9-5。

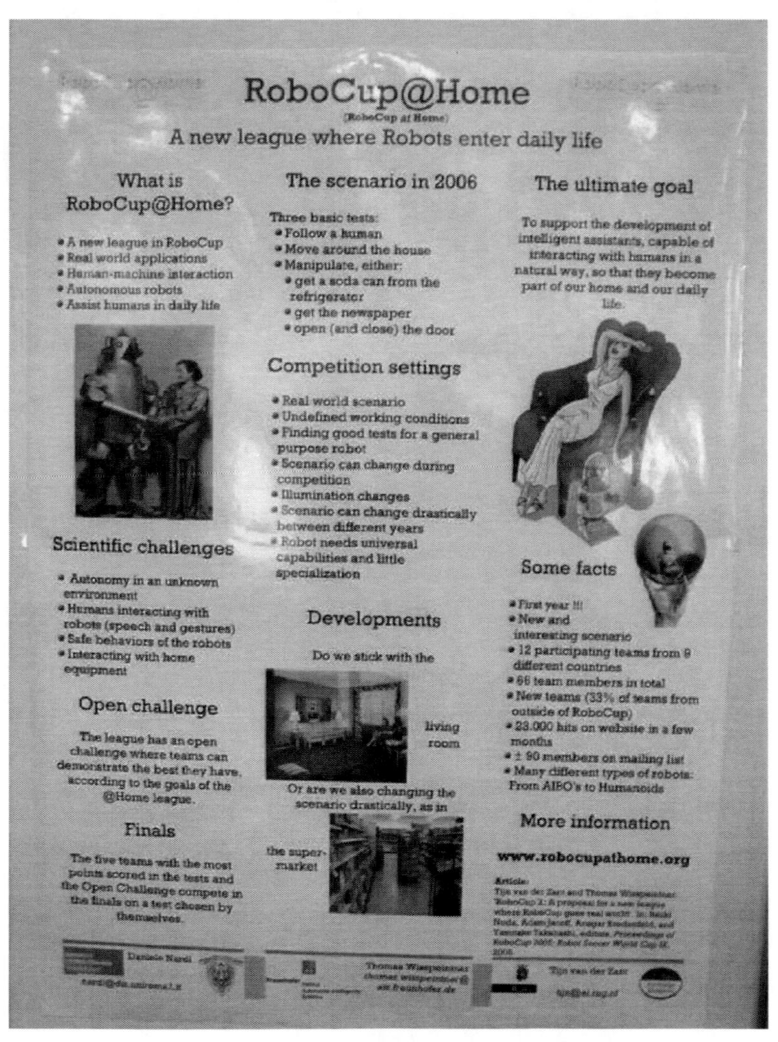

圖 9-1 RoboCup@Home 賽事的宣傳海報

圖 9-2　2008 德國漢諾威比賽場地

圖 9-3　2010 日本公開賽比賽場地

圖 9-4　2014 合肥公開賽比賽現場

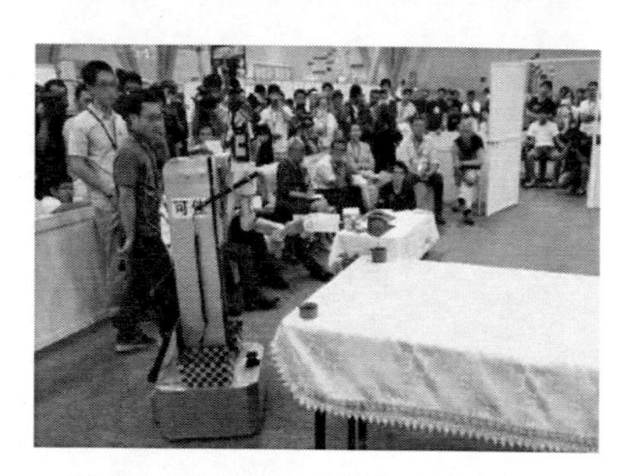

圖 9-5　2015 合肥世界盃比賽場地

在服務機器人比賽中會看到機器人在模擬的家庭環境中如何為人類服務。最通俗的說法：這些機器人首先要「認識」主人，然後能「聽懂」主人的指令，並完成掃地、倒水等一些簡單的工作。比賽規則中常設項目有：Follow（追蹤固定人）項目，GPSR、Who is Who 等客觀評分項目。還有創新創意、技術挑戰賽、DEMO CHALLENGE 等主觀類評分項目。

（2）賽事發展

近年來，中國大學在家庭服務機器人領域取得了喜人成績。2014 年 7 月 19 日～25 日，第 18 屆 RoboCup 機器人世界盃比賽在巴西若昂佩索阿舉辦。由中國科學技術大學自主研發的「可佳」智能服務機器人，首次奪得服務機器人比賽冠軍（見圖 9-6）。

科技日報於 2014 年 8 月 5 日在第 7 版報導了中國科學技術大學可佳機器人的獲獎消息，題目為「機器人世界盃：‘可佳’獲服務機器人冠軍」，見圖 9-7[2]。

圖 9-6　2014 巴西機器人世界盃：中國科學技術大學可佳機器人

機器人世界盃："可佳"獲服務機器人冠軍

蔣家平

7月25日，在巴西若昂佩索阿閉幕的第18屆RoboCup機器人世界杯比賽賽場上，中國機器人風光無限：在與美、德、日等40多個國家和地區的500多支隊伍同場競技中，中國代表隊共獲得4項冠軍。其中，中國科學技術大學參賽三個項目全部獲得冠軍，特別是該校自主研發的「可仹」智能服務機器人，以主體技術評測領先第二名3600多分的巨大優勢，首次奪得服務機器人比賽冠軍，標誌着中國智能機器人研發取得了歷史性突破。

「RoboCup國際聯盟1996年成立時的任務是，機器人足球隊到2050年能戰勝人類的世界杯足球賽冠軍隊。」中國科大機器人實驗室主任陳小平教授介紹説，不過時至今日，這一目標已經拓展，因爲人類研發機器人的目的是服務人類、造福人類，而不是戰勝人類，因此以服務爲宗旨的智能機器人的研發逐漸成爲RoboCup機器人世界杯賽中綜合性最强、發展勢頭最猛、競爭最激烈的項目之一，原來參加RoboCup中型組和人形組比賽的國際一流研究型大學近年來紛紛轉入智能機器人領域，該項賽事也成爲規模最大、系統性最强的國際服務機器人標準測試。

圖 9-7　科技日報的報導

中國作為 2015 合肥 RoboCup 機器人世界盃東道主，有清華大學、北京信息科技大學、北京理工大學、上海交通大學等大學參加，並有兩支隊伍進入第二輪。清華大學機器人 Tinker 第一次參加 RoboCup 機器人世界盃賽。機器人世界盃賽的專業級別，算是對 Tinker 及其團隊的一次最好的檢驗。除了國際賽事之外，每年一度的 RoboCup 機器人世界盃中國賽、中國機器人大賽之@Home 項目也吸引著中國科學技術大學、上海交通大學、上海大學、北京信息科技大學、西北師範大學等大約 15 支全國各地的大學參加比賽。為提高比賽競技水平，每年的 5 月份，組委會舉辦一次中國服務機器人大賽選拔賽，提供全國各大學交流、學習的平臺，制度完善，競賽規則成熟，與國際賽事規則銜接，目的在於提升中國家庭服務機器人競賽水平，如圖 9-8 所示。

圖 9-8　2015 合肥機器人世界盃各參賽隊伍服務機器人合影

圖 9-9、圖 9-10 為中國部分大學自主研發的參賽服務機器人。

圖 9-9　2018 中國服務機器人大賽上海大學自強隊自主研發的機器人

圖 9-10　2014 黃山北京信息科技大學自主研發的機器人

「取一瓶礦泉水，對於人類來說很簡單，直接拿過來就行了，但對機器人就不一樣了，必須經過很多步驟。」首先，機器人必須準確領悟人類發出的指令，隨後根據指令作出具體行動，還要進行導航，判斷出礦泉水的位置、距離，只有等這些步驟全部測算完畢，機器人才能完成這一指令。中國大多數大學研發平臺引進 ROS 之後，經過充分交流和學習，也體現出不同層次的水平。歡迎更多的大學參與我們的家庭服務機器人的大家庭，相互學習，相互提高。

中國自動化學會機器人競賽工作委員會決定自 2011 年開始，每年的 5 月份舉辦一次「中國服務機器人大賽」，從之前只有家庭服務機器人賽事，發展到目前的家庭服務機器人、醫療服務機器人、助老服務機器人、教育服務機器人、農業服務機器人等的賽事。圖 9-11 為 2017 中國服務機器人大賽的海報。圖 9-12 為 2018 中國服務機器人大賽開幕式現場。

圖 9-11　2017 中國服務機器人大賽的海報

圖 9-12　2018 中國服務機器人大賽開幕式現場

2018 中國服務機器人大賽的比賽項目設置如下。

一、家庭服務機器人項目（大學組）

1. Follow
2. GPSR
3. GPSRPLUS
4. WhoIsWho
5. Shopping
6. 路徑規劃
7. 泡茶機器人
8. 尋找物品
9. 智慧城市
10. 智能家居
11. 物品辨識
12. 人的辨識
13. 聲源定位與語音識別
14. 指令交互項目仿真

15. 自然語言交互仿真項目

二、醫療服務機器人項目

1. 醫療與服務機器人規定動作項目（大學組、青少年組）

2. 骨科手術機器人項目（大學組、C語言青少年組、任意語言青少年組）

3. 送藥機器人（大學組、青少年組、教師組）

4. 巡診機器人（大學組、青少年組、教師組）

5. 3D打印智能假肢規定動作項目（大學組、青少年組）

6. 醫療與服務機器人創新設計與製作項目（大學組、青少年組、教師組）

7. 企業專項命題：康復機器人創新設計與製作項目（大學組、教師組）

8. 醫療器械裝配機器人項目（大學組）

9. 醫療分揀機器人項目（大學組）

10. 現場命題編程調試項目（大學組、青少年組、教師組）

三、助老服務機器人項目

1. 助老環境與安全服務項目（大學組）

2. 助老生活服務項目（大學組）

3. 助老助殘創意賽項目（大學組、青少年組）

4. 服務機器人障礙物跨越及躲避項目（青少年組）

5. 老人居室滅火及聯動報警項目（青少年組）

四、教育服務機器人項目（青少年組）

1. 智能垃圾分類機器人項目

2. 教育迷宮項目

3. 開天闢地機關王項目

4. 狹路相逢項目

5. 巧奪天工項目

6. 龍爭虎鬥項目

7. 探索太空項目

8. 趣味機器人項目

9. 機器人接力項目

10. 綠色出行命題創意項目

五、農業服務機器人項目（大學組）

1. 果園噴藥機器人項目

2. 採摘機器人項目

9.3 未來展望

2018 年 3 月 21 日，教育部公布的 2017 年度大學本科專業備案和審批結果顯示，全國新增備案本科專業 2105 個，新增審批本科專業 206 個，合計新增 2311 個專業。新增專業中，「數據科學與大數據技術」「機器人工程」等專業熱度最高，全國有 60 餘所大學增設「機器人工程」專業。

2018 年 3 月 15 日，騰訊對外公布了其 2018 年在 AI 領域的三大核心戰略，其中包括成立機器人實驗室「Robotics X」。當然，騰訊並不是唯一一家展開行動的互聯網巨頭，「三巨頭」中的另外兩家——百度和阿里，早前已開始對機器人領域進行布局。隨著巨頭們資本和技術力量的聚集，未來機器人的開發應用將會迎來行業發展的黃金期。

2014 年中國進入機器人元年，自此以後，BAT 等互聯網公司紛紛踏足機器人領域。截至目前，BAT 已相繼建立與機器人基礎科學和技術有關的研發機構。

2016 年，騰訊成立 AI Lab，肩負騰訊在人工智能領域的基礎研究及應用探索。目前，騰訊 AI Lab 擁有 70 多位科學家和 300 多位應用工程師，研發成果已應用在微信、QQ 及天天快報等上百個產品。而此次機器人實驗室「Robotics X」的誕生，則意味著騰訊要在人工智能領域開闢一塊新的戰場。

2017 年 10 月，阿里巴巴宣布成立「達摩院」，來進行基礎科學和顛覆式技術創新研究。據悉，達摩院將包括亞洲達摩院、美洲達摩院、歐洲達摩院，並在北京、杭州、新加坡、以色列、聖馬特奧、貝爾維尤、莫斯科等地設立不同研究方向的實驗室。

2018 年 1 月，百度研究院宣布設立「商業智能實驗室」和「機器人與自動駕駛實驗室」，同時，三位世界級人工智能領域科學家 Kenneth Ward Church、浣軍、熊輝也加盟百度研究院。目前，百度研究院擁有超過 2000 名科學家及工程師，並建立起包括 7 位世界級科學家、五大實驗室的陣容。

服務機器人的開發研究取得了舉世矚目的成果，未來服務機器人將沿著人與機器人的融合、人工智能技術的全面應用、傳感器技術的發展、服務機器人的人性化等方面發展[3]。

(1) 人與機器人的融合

美國科學家正在研製的獨特機械控制假手臂，可以通過「思維力」進行控制，如圖 9-13 所示。當患者需要藉助機械手完成某種動作時，他只要簡單地決定想要做什麼即可，大腦發出的信號會刺激肌肉，相應的電脈衝會被電極記錄，隨後信號會轉變成控制機械手臂的指令，然後完成各種複雜動作，其中包括抓握住物體。它不僅能恢復患者的動作效能，而且能感受到觸覺。據日本媒體報導，新開發的裝置由頭盔狀的傳感器及測量記錄器構成，如果人設想使用左手的動作，腦波及腦血流的變化便會參照事先存儲的數據，使機器人舉起左手，該技術今後有可能運用於家務機器人，幫助人們從事端菜、給植物澆水等家務和幫助肢體殘疾或癱瘓人士。

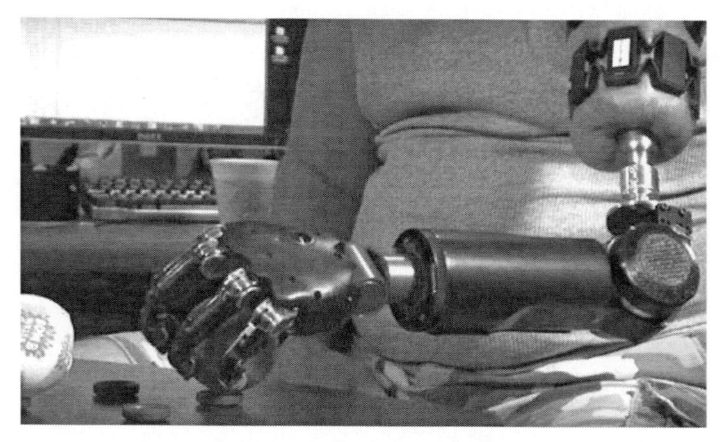

圖 9-13 「思維力」 控制假手臂

(2) 人工智能技術的全面應用

很多人認為，當人工智能發展到一定階段之後，在概念、思維方式甚至自我意識與欲望等方面，均會與人類相同或超越，實際上遠未達到。

首先，從輸入輸出的系統概念來說，若輸入信息的類型不同，得到的輸出特徵量很可能是不同的。受限於人類生理上的聽覺和視覺限制，如依託的是人類無法看到的紫外線和狗能聽到的其他頻域聲音，則機器給出的特徵量輸出也可能是不同的，但這也屬於智能的另一類表現。

其次，即「本能」的特徵。簡單地說，本能是自發的、直覺的感受或反應，如開心/不開心等。對人來說，非常簡單的本能，如品嘗美食、呼呼大睡、跟有魅力的異性聊天等都會獲得開心的感受，而計算機想要獲得類似的概念及感受則非常困難。再比如，美麗的概念，我們看到美麗的人、美麗的景色、美麗的建築，都會有一種自發的感覺：「哇，好美！」，這些都是人類自發的本能。

本能是大自然賦予生物面向自身生存的變化行為能力，生物通過自身的本能變化來適應大自然，從而求得生命本身的延續。對於人工智能來說，解決其本能模擬的問題是其在理解人類功能路途上的重要一步。

各種機器學習算法的出現推動了人工智能的發展，強化學習、蟻群算法、免疫算法等可以用到服務機器人系統中，使其具有類似人的學習能力，以適應日益複雜的、不確定和非結構化的環境。例如：英國科學家研發出首名「機器人科學家」，這款機器人能獨立推理、把理論公式化乃至探索科學知識，堪稱人工智能領域一大突破。「機器人科學家」將來可以投身於解開生物學謎題、研發新藥、瞭解宇宙等研究領域。

(3) 傳感器技術的發展

隨著科學技術的迅猛發展以及相關條件的日趨成熟，傳感器技術逐漸受到了更多人士的高度重視，當今傳感器技術的研究與發展，特別是基於光電通信和生物學原理的新型傳感器技術的發展，已成為推動國家乃至世界信息化產業進步的重要標誌與動力。

由於傳感器具有頻率響應、階躍響應等動態特性以及諸如漂移、重複性、精確度、靈敏度、分辨率、線性度等靜態特性，所以外界因素的改變與動盪必然會造成傳感器自身特性的不穩定，從而給其實際應用造成較大影響，這就要求我們針對傳感器的工作原理和結構，在不同場合對傳感器規定相應的基本要求，以最大限度優化其性能參數與指標，如高靈敏度、抗干擾的穩定性、線性、容易調節、高精度、無遲滯性、工作壽命長、可重複性、抗老化、高響應速率、抗環境影響、互換性、低成本、寬測量範圍、小尺寸、重量輕和高強度等。

同時，根據對中國內外傳感器技術的研究現狀分析以及對傳感器各性能參數的理想化要求，現代傳感器技術的發展趨勢可以從 4 個方面分析與概括：一是開發新材料、新工藝和新型傳感器；二是實現傳感器的多功能、高精度、集成化和智能化；三是實現傳感技術硬件系統與元器件的微小型化；四是通過傳感器與其他學科的交叉整合，實現無線網絡化。

未來機器人傳感器技術的發展，除不斷改善傳感器的精度和可靠性外，對傳感信息的高速處理、自適應多傳感器融合和完善的靜、動態標定測試技術也將成為機器人傳感器研究和發展的關鍵技術。未來機器人傳感器研究包括多智能傳感器技術、網絡傳感器技術、虛擬傳感器技術和臨場感技術。

（4）服務機器人的人性化

技術進步將允許在未來幾年克服當前這些技術（開放空間的導航、學習能力和智力行為、多傳感器融合和允許對所有不同類型任務進行高效處理的處理器等）的限制，設計和使用功能日益強大的機器人，集成技術將允許超越由於材料、技術等形成的目前限制邊緣，日本專家預測，在 2013 年到 2027 年之間，智能機器人系統的發展將允許機器人保留和重複使用以前獲得的技能和技術，人和機器人的交流將變得更加簡單化了。

圖 9-14　索菲亞機器人

據有關媒體報導，2017 年 10 月 26 日，沙特阿拉伯授予美國漢森機器人公司生產的機器人索菲亞（圖 9-14）公民身分。作為史上首個獲得公民身分的機器人，索菲亞當天在沙特說，它希望用人工智能「幫助人類過上更美好的生活」，人類不用害怕機器人，「你們對我好，我也會對你們好」。索菲亞擁有仿生橡膠皮膚，可模擬 62 種面部表情，其「大腦」採用了人工智能和谷歌語音識別技術，能識別人類面部、理解語言、記住與人類的互動[4]。

參考文獻

[1] 王田苗，等．服務機器人技術研究現狀與發展趨勢．中國科學：信息科學[J]. 2012 (09)：1049-1066.

[2] 蔣家平．機器人世界盃：「可佳」獲服務機器人冠軍．科技日報，2014-8-5.

[3] 嵇鵬程．服務機器人的現狀及其發展趨勢，常州大學學報：自然科學版，2010 (06)：73-78.

[4] 陳萬米．神奇的機器人[M]. 北京：化學工業出版社，2014.

服務機器人系統設計

編　　著：陳萬米
發 行 人：黃振庭
出 版 者：崧燁文化事業有限公司
發 行 者：崧燁文化事業有限公司
E-mail：sonbookservice@gmail.com
粉 絲 頁：https://www.facebook.com/sonbookss/
網　　址：https://sonbook.net/
地　　址：台北市中正區重慶南路一段六十一號八樓 815 室
Rm. 815, 8F., No.61, Sec. 1, Chongqing S. Rd., Zhongzheng Dist., Taipei City 100, Taiwan
電　　話：(02) 2370-3310
傳　　真：(02) 2388-1990
印　　刷：京峯彩色印刷有限公司（京峰數位）
律師顧問：廣華律師事務所 張珮琦律師

定　　價：450 元
發行日期：2022 年 03 月第一版
◎本書以 POD 印製

國家圖書館出版品預行編目資料

服務機器人系統設計 / 陳萬米主編 . -- 第一版 . -- 臺北市：崧燁文化事業有限公司 , 2022.03
面；　公分
POD 版
ISBN 978-626-332-107-6(平裝)
1.CST: 機器人 2.CST: 系統設計
448.992　111001425

電子書購買

臉書